教育建筑
规划与设计
幼儿园

杨凯　王丽丽　郭媛媛　编著

辽宁科学技术出版社
·沈阳·

目 录

幼儿园规划与设计的思考

教育目标的推行和实施与教育建筑的规划与设计越来越分不开了，尤其是在学前教育中，幼儿园的规划与设计在多元化设计以及"以孩子为本"设计理念的影响下，越来越紧密地联系着各个地域或各个幼儿园本身的教育理念。

家长及幼儿园的教师希望孩子通过在幼儿园的生活能够获得身心的同时发展，树立积极型的人格。在幼儿园里，孩子开始尝试弄明白自己的喜好，慢慢产生自我意识，他们还会与同年龄以及不同年龄的孩子接触，产生第一次"社交"。在这里每一步都可能是在无意识中完成的，但对他们来说是非常重要的，甚至会影响他们日后的发展与命运。

幼儿园的规划与设计方案是创意设计思维与理性技术攻关结合的成果。在几年前，我们还只会从空间的布局合理性、功能完整性以及设计元素等方面去辨识好的幼儿园设计。但看看近几年的幼儿园设计，设计者已经能够将实际的教育需求切实地融入建筑、景观、室内空间设计之中。因此作为它的设计者，建筑师、景观设计师、室内设计师应该多了解如何利用设计来提供更多的可能去支持孩子的身心发展，通过自己掌握的设计本领去恰当表达出教育者与家长的期望，去回应孩子的需求。

幼儿园的设计者在这里充当的是一个调和者。目前幼儿园设计

的焦点，或者说结合之前幼儿园设计的不足，设计者应该关注的问题包括：

·面对场地的局限，规划合理的室内外活动空间比例关系，不影响孩子的各项能力发展。

·尽可能地解决气候条件带来的影响，通过各种方法来让孩子接触到更多的日照。

·应该更加关注不同年级、不同班级在建筑中的布局以及室内外活动空间的关系，这直接关系到孩子的独立人格塑造及伙伴关系建立。

·不仅限于设施的齐全，还要能明晰各空间的设置是否符合幼儿园的教育理念。

·除了教育理念，越来越多的设计者将当地人文文化与建筑设计结合在一起，这会成为设计的加分项，也会对孩子的教育产生有利的影响。

在本书中，吸引人的是优秀设计者创作出的多元化的设计表现，我们会看到在这些多元表现下，设计的内核是通过空间的规划与全方位的设计，让孩子真正成为建筑的主导。我们能够看到越来越多的教育理念通过建筑的规划与设计更加具象化，也有越来越多的项目解答出了设计者所关注的问题。他们解决这些问题的做法，会让我们更加明确一个优秀的幼儿园项目的样貌。

幼儿园规划与设计的发展趋势

在幼儿园的规划与设计中，设计者经常会面临许多需要双向兼顾的问题，例如空间的安全性与开放性，孩子的独立性与亲密性，室外空间的探索性与室内学习空间的专注性，极端环境的限制性与室外体验的需求性等。在本书中，建筑师及设计者做出了一些成功的尝试，这代表着今后幼儿园规划与设计的发展趋势。

更鼓励探索的空间，模糊了的建筑与景观

在近年的新建幼儿园项目中，受益于政府对教育用地的保护，我们可以看到项目的规模越来越大。在这些项目的规划上，设计者会在满足安全需求的前提下，尽量去打破室外与室内的隔断，用各种方法去模糊建筑空间与景观区域的界限。这样的做法会更鼓励孩子去探索自然，激发他们的探索力与感知力。

成都万科公园传奇幼儿园毗邻麓湖生态城、兴隆湖生态城、天府中央公园等自然生态区，三面被重要的城市景观带环绕，幼儿园方面希望以建筑呼应景观，给孩子更多的机会接触大自然，亲临现场，体验自然环境教育。

为了更加自然地将周边景观与建筑相融合，建筑本身表现为自然的抽象化符号，建筑的形体是对山体的抽象化表现，与周围的山林景观相统一。此外，建筑采用白色呈现，目的是强化建筑周围山林景观的颜色，让建筑对环境的影响弱下来，更能让孩子去注意自然环境。在光线的作用下，白色的表皮犹如倾泻而下的瀑布，同时映衬周围自然景观，使建筑与景观更加融合。

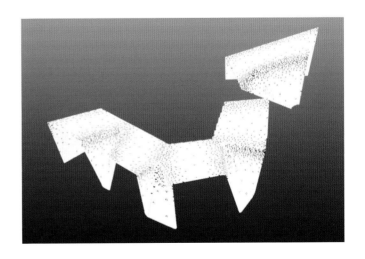

成都万科公园传奇幼儿园的白色建筑表皮模拟生成图

规划更多启发型和体验型空间

教育目标在慢慢地受全球化的影响，因为无论在哪一个空间，教育者普遍认为，在幼儿园阶段，更多的体验式教学对孩子的成长有着深远的影响。通常，室外空间更容易创造出启发型和体验型空间，例如室外操场上设置的各种游戏设施、景观设施。然而在近年的一些项目中，设计者会随处利用一些建筑空间增强孩子的情景体验感，例如阳台、屋顶露台、带有大玻璃窗的连廊等。在开放程度上，有些幼儿园会兼顾封闭式、半封闭式、开放式的活动场地，让孩子可以从室内的专注学习空间自然过渡到室外的探索空间。

宁波艾迪国际幼儿园充分地运用了建筑的特色布局，建筑之间部分平行、交叉、围合，在建筑之间形成 3 个室外活动场地，有封闭式的、半封闭式的以及开放式的，这样可以满足不同年龄阶段孩子的探索需求，也让孩子能够逐步地去进行体验式学习。

由于这样的布局，低层空间的屋顶可作为高层空间的活动平台及花园，这样迷宫般的活动空间，会更多地触发孩子的体验感受。

宁波艾迪国际幼儿园活动内院

晋江市世茂青鸟同文幼儿园创意地用凸窗在室内空间中创造了一个独具特色的体验式空间。在幼儿园中心庭院的环廊外墙上，设置了不同尺寸的窗口，由于身高不同，老师和孩子能从窗口看到不同的庭院情景，老师可以确认在庭院中活动的孩子的状态，孩子可以看到庭院之上的天空。其中还有一种只有孩子才可以通过的落地凸窗，对于孩子来说，这就是一间私属小屋，能感受到不同的体验式乐趣。

更好地解决空间独立性与亲密性的共存问题

在幼儿园阶段，孩子从依赖父母到逐步产生自我存在的意识，开始学习建立和处理与同伴及老师的亲密关系。优秀的幼儿园建筑设计是会很好地通过空间的规划与设计来辅助这种关系的建立与形成的。这就要求在空间的规划上要做好区别、过渡和关联。

宁波艾迪国际幼儿园鸟瞰图

晋江市世茂青鸟同文幼儿园带有凸窗的外立面

三环幼儿园建筑布局概念演变图

三环幼儿园的设计者通过空间的布局同时考虑了同年龄间的孩子相处问题，以及不同年龄孩子的相处问题。幼儿园以三个相互关联的六边形呈现。三个六边形分别是有着三个庭院的建筑院落，分别供小班、中班、大班的孩子使用。三个院落的顶层为教室，每个六边形的院落其中有五个边为各班教室，另一个边为共享空间，让同年级不同班的孩子可以有机会相处。

三个院落是相互交叠的，不同年级的小朋友可以通过之间的连廊等交通空间去探索其他院落。此外，三个院落从低到高依次

供小班、中班、大班的小朋友使用，并且特意用不同的特质区分不同的院落中的庭院，从高层庭院可以看到低层的庭院，由于三个庭院不同的环境特征，这样就会吸引不同年级的孩子产生好奇去探索别的年级空间，从而产生彼此间的交流。

采用更灵活的布局形式与建筑元素消解用地局限

很多幼儿园是作为住宅区的配套设施来进行规划的，所以现实中这类幼儿园会面临被住宅区挤压或者被规范限制的双重问题。在很多情况下，设计者会妥协地利用有限空间来呈现幼儿园设计。最近几年，许多新项目让我们看到了转变，设计者会用更积极的态度消解空间困局。

面对局限的用地，可以采取更松散的建筑布局来消解周围紧凑住宅带来的视觉压力。此外，还可以用多种形式将室外空间与室内空间连通，可以借助屋顶作为室外空间的补充，也可以增加更多元的建筑元素，例如增加环廊来使室内外更加贯通。

上海金蔷薇幼儿园利用非常规的布局方式打破了不规则地形的

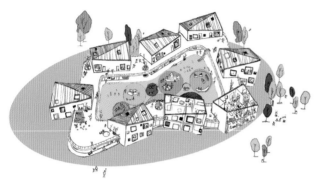

上海金蔷薇幼儿园的分散聚落式布局手绘示意图

上海金蔷薇幼儿园巧用连廊打造多种活动空间

明确活动空间的功能性，活动的趣味性要与教育理念相结合

很多新兴的幼儿园会设置各种新奇的活动空间与设施。当设计者在构思时，主要应该明确设计是否与幼儿园的教育理念相吻合，而不仅仅有趣。在目前的教育环境下，教育者和家长普遍希望幼儿园可以促进孩子自主学习能力、探索能力、沟通能力等的培养，并尽早发现孩子的特长优势，所以在室内活动空间的构建上要考虑基本满足以上几点。

狮子国际幼儿园希望园内的教育能培养孩子的观察能力、解决问题的能力、合作能力、思维能力、沟通能力以及社会责任感。设计师将设计与幼儿园的教育理念无缝对接。水、沙、石是孩子喜欢的自然元素，幼儿园内的沙地与攀岩墙可以激发孩子的体验兴趣，同时这两处活动空间可以培养孩子的探索精神以及勇敢、积极、乐观的特质。此外幼儿园设有自由探索空间，通过主楼梯将滑梯、儿童阅读平台、角色扮演区串联，不仅增强孩子阅读与活动的趣味性，还间接培养阅读能力与自我的认同能力。

限制。项目采用了分散聚落式布局，主体建筑为 2 层，局部建筑为 3 层，这样做可以减少建筑对人的压迫感。此外，虽然建筑平面的增大看起来减少了室外活动空间，但单独设置的架空单元已留出了底层的活动场地。

各个建筑单元用环廊连接，形成风格迥异的几个院落，各个院落作为不同的功能空间，不但可供孩子玩耍、攀爬、游戏、种植，还可以创造出很多室外空间，缓解由于空间局限而产生的沉闷视觉感受。

狮子国际幼儿园室内多样的活动空间

在极端条件下利用环境创造特别的体验空间

如果幼儿园所在的自然环境不能满足孩子长期户外活动的需求，或者日照的条件差，经常受到极端气候条件影响，本书中的一些项目提供了一些解决办法。在这些项目中，我们会发现"躲避"条件不如"创造"条件，借特殊情况反而会创造出一些特别的体验空间。

苏瓦乌基幼儿园位于波兰北部一个多风的郊区，气候多雨。因此设计师放弃大规模的室外庭院，在建筑中设置一个大型的多功能活动空间，空间里设有室外活动需要的滑梯和秋千，透过屋顶的天窗及大玻璃窗的光线充足，孩子在此活动与在室外一样。

为了获取充足的日照，建筑的位置和功能布局完全根据太阳设计，年龄小的孩子被安排在东侧建筑内，这样在午睡前他们可以有足够的日照，午睡后可以在室外活动，这时太阳的光线又远离了他们。与之相比较，不需要午睡的年龄较大的孩子，教室内全天都充满阳光。

此外，整个建筑平面为 H 形，形成两个小型的庭院，建筑周围屋顶与木制露台延伸出来形成通透的环廊，在这里活动，可以防晒、防风。此外，所有教室紧邻着露台，当天气好时可以直接打开教室的大窗与露台相连，扩大教室区域，增加特殊的体验感受。

爱宕幼儿园位于一处山坡上，周围的其他建筑都采用了将地面弄平再进行施工建设的方法，但爱宕幼儿园的建筑师选择了保留原始的地理特征，建筑之前的山坡上有一段山路，建筑师沿着山路建成了幼儿园内的楼梯，幼儿园内的房间也沿着山坡的高低地势来设置分布，建筑的承重墙为空心拱形，是根据承重需求特别计算分析得出的形态，结合幼儿园的布局，反倒形成很多不一样的空间。沿着山路修建的楼梯缓步台成了开放课堂平台，拱形墙与屋顶形成了各种各样的课堂空间，屋顶的各个转角处还成了小操场或者屋顶花园。这样的特色功能空间是在常规的幼儿园中很难见到的。

以上项目解决了很多共性问题，本书中还有一些项目针对个别问题提出了巧妙解决的办法，所有项目都配备了详细的设计理念与思路。本书希望通过对各种问题的解答来触发读者的更多思考，设计出更为完善的项目作品。

爱宕幼儿园的多功能环形露台

项目地点：中国，成都
完成时间：2019 年
设计单位：上海成执建筑设计有限公司
主设计师：李杰
建筑面积：5600 m²
摄影师：三棱镜建筑空间摄影、熊欢、
　　　　路径建筑摄影

成都万科公园传奇幼儿园

——融入自然的探索空间

项目概况

人脑可以自行简化复杂的图形和符号，幼儿园建筑不一定要形态各异。近年，设计师在做幼儿园设计时不再教条地恪守现代建筑的一些清规戒律，而是通过研究儿童视觉、知觉的简化心理，来为他们带来单纯、极简、趣味的空间形态。

项目位于成都天府新区生态板块，筑城于园，毗邻麓湖生态城、兴隆湖生态区、天府中央公园等自然生态区。地块东西北三向均被城市景观带包围，特别是北向的百米绿化带已成为城市重要景观轴。建筑形体契合异形场地，将景观引入建筑，以建筑呼应景观。儿童通过与自然的接触得到各种体验，建筑物本身亦可作为环境教育的教材被灵活使用。

从幼儿园单元性特征出发，将形体切割，建立建筑与人流的关系。为满足光照和室外活动场地的要求，将体块推向南侧，通过在建筑环境与自然风景之间建立过渡性的微观地理环境来实现创新。

赖特曾说过："设计是自然的提炼，以一种纯几何方式出现的因素。"设计师用建筑使自然抽象化，希望儿童在"山林"中茁壮成长。建筑形体是对山体的抽象化表现，以清晰、鲜明的图形呈现出来，并在局部形成制高点，使建筑具有昭示性，不会令人乏味。以精致简练的手法表达出抽象自然的意义，与周边丰富的景观带相统一，如被山林环绕一般，让人的视觉和心理得到满足。

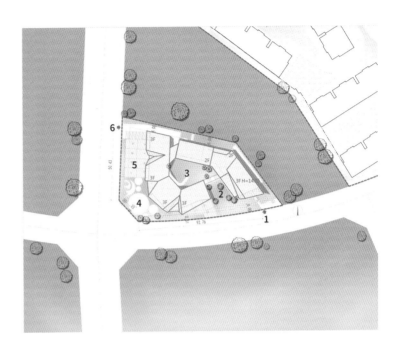

总平面图

1. 幼儿园入口
2. 自然生物园
3. 校园专用绿地
4. 共用游戏场地
5. 分班活动场地
6. 后勤入口

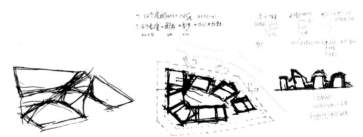

手绘图

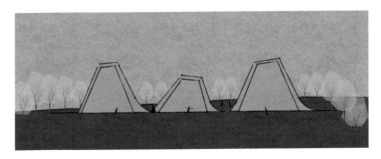

概念图

立面图（东）

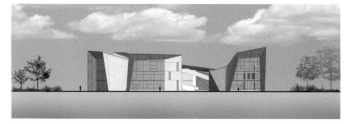

立面图（南）

立面图（西）

立面图（北）

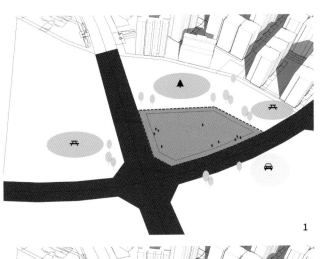

1

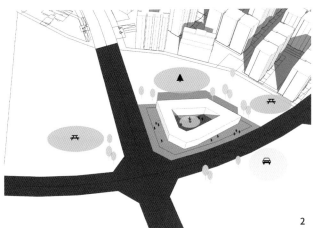

2

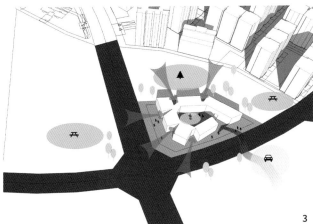

3

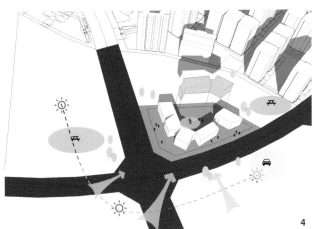

4

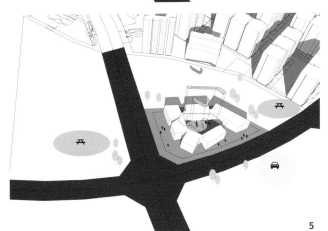

5

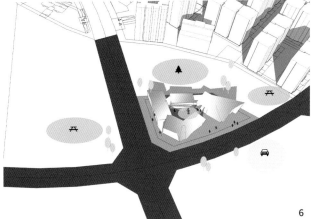

6

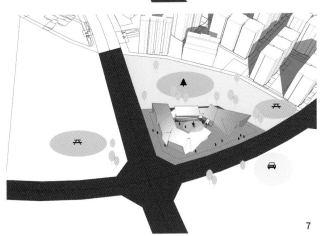

7

形体分析图

1. 景观资源，异形地块
2. 建筑形体，契合地形
3. 景观导入，形体切割，人流来向
4. 依照日照，布置功能
5. 游戏动线
6. 变换形体，彰显入口
7. 局部变形

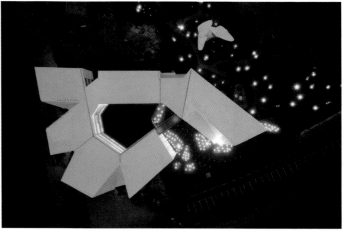

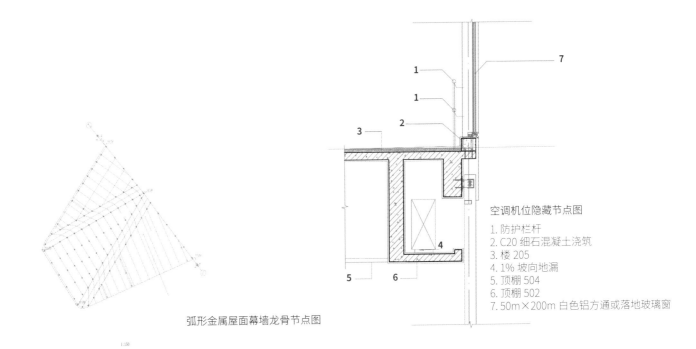

弧形金属屋面幕墙龙骨节点图

1:150

空调机位隐藏节点图

1. 防护栏杆
2. C20 细石混凝土浇筑
3. 楼 205
4. 1% 坡向地漏
5. 顶棚 504
6. 顶棚 502
7. 50m×200m 白色铝方通或落地玻璃窗

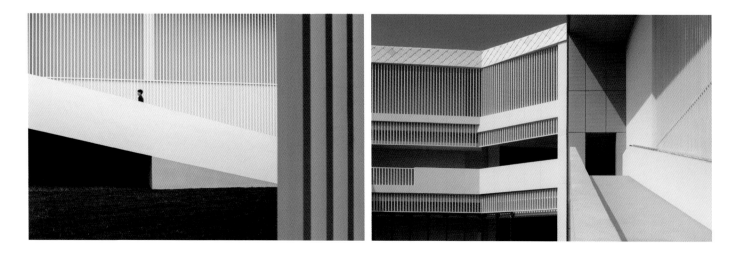

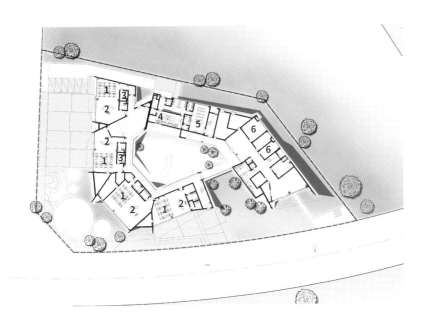

一层平面图

1. 寝室
2. 活动室
3. 卫生间
4. 厨房
5. 教职工餐厅
6. 办公室

建筑需为儿童营造一个与同年龄儿童共同生活的"场"，也需营造一个与老师共同生活，让老师能给儿童适时提供帮助的"场"。

在布局上，通过结合异形地块建造复杂而又统一的建筑体。采用基本几何图形及图形相互组合的方法来表达建筑的本质，建筑沿着台地围合出入口广场、中心院，并从形态上对外打开，从实到虚形成一个隐形的环。

如何突破封闭的活动单元，提供满足儿童身心发展需要的多样性学习和游戏空间，提供更多儿童交往空间和公共活动空间，是建筑师考虑的重点。

中介空间的本质是使环形廊道空间具有过渡性、模糊性和边界性。在环形廊道空间满足儿童心理过渡时期需求的同时，其空间本身也相应处在一种过渡的中间状态，用于连接和转换非廊道空间，实现公共与私密、室内与室外、动态与静态之间的转换过渡，从而形成空间之间的连续，缓解了不同的空间特性之间的矛盾。

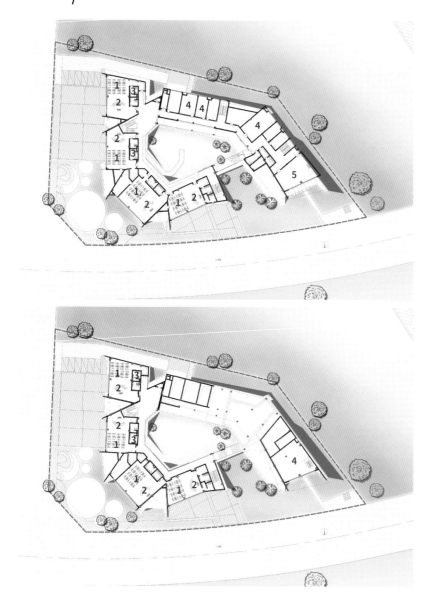

白色实际上是能够强化自然界所有其他色彩感觉的颜色，对着白色表面能够最好地欣赏光影虚实的表演。设计师用白色来澄清建筑概念，提高视觉形式的力量。白色建筑与自然环境形成图底关系，在光线的作用下，白色墙面映衬着自然，这种对比并不破坏自然环境，而与大自然既对立又融洽。

表皮的形式和色彩在纵横的结构下形成整体，从上方自然倾泻形成水帘瀑布，呈现出灵动、轻盈、舒适的视觉效果。自然形式的复杂性将在系统比例中锐减，所产生的张力能在极致的对比中趋于一种宁静的均衡，从而使建筑形式达到统一，来实现幼儿园和周边环境的艺术化。

室内以木质为主，与立面颜色形成统一，整体自然明亮，空间线条流畅又舒适，简约却不单调，又充满童趣。通过几何结构来重构空间，各种相互对立的物件与形态在极致的对比中，既能张扬其属性，也能获得整体和谐。

建筑的生命就是它的美，这对儿童很重要，自然的建筑能给他们带来舒适感及愉悦感，但这并非要色彩斑斓，简单的几何结构和具有吸引力的公共空间就可满足。而建筑作为儿童生活的载体，应给予他们更多自我探索的学习机会。

二层平面图
1. 寝室
2. 活动室
3. 卫生间
4. 办公室
5. 开放活动室

三层平面图
1. 寝室
2. 活动室
3. 卫生间
4. 储藏室

项目地点：中国，蒙自
完成时间：2018 年
设计单位：西安迪卡幼儿园设计中心
主设计师：王俊宝
建筑面积：9000 m²

海华伊顿国际幼儿园

——可触摸的乌托邦，可实现的理想国

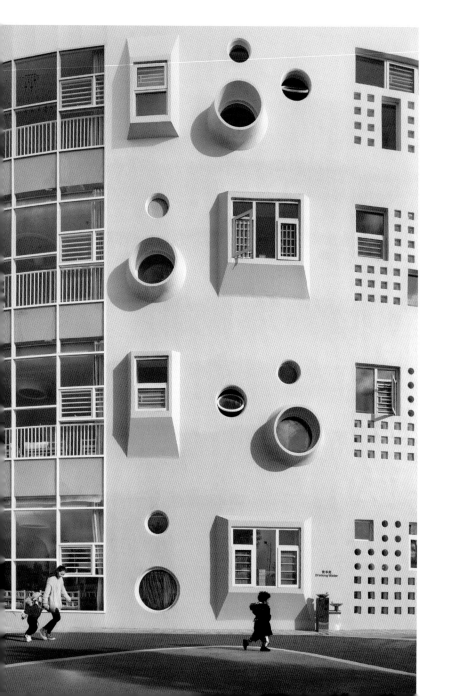

项目概况

海华伊顿国际幼儿园坐落于云南省红河哈尼族彝族自治州蒙自市上海路，位于滇南中心城市核心区，此项目占地 10,667m²，目前已投入使用。这座建筑有效汲取当地的文化特质，具有非常独特的辨识度。

这个幼儿园与其他幼儿园最大的不同在于，设计中所有的灵感均来自孩子的艺术世界，最突出的特点是外在造型上的设计，以"钥匙"为载体，主体以"棒棒糖"为造型，就像孩子的画作，加入更多童真的幻想，利用外在造型消除了孩子对学校的陌生感和怀疑，减少了钢筋水泥的冰冷感。设计团队在经历设计、修改、调整、推敲、创新后，用自己的一笔一画赋予了建筑生命，创造出了"最熟悉的新鲜感"。

校园在色彩方面借用了黎明时分天空渐变的颜色，从下往上由深转浅，充满神秘又变幻无穷的气息。色彩可以给孩子带来不同的感受和情绪，而渐变色则可以给孩子更多的想象空间，渐变色使色彩更加生动缓和，不单调也不会给视觉增加负担。设计师在极力创造一个诗意且具有艺术感的世界，一个为孩子创造的奇异世界，让他们可以在这里体验、成长，并感受四季。

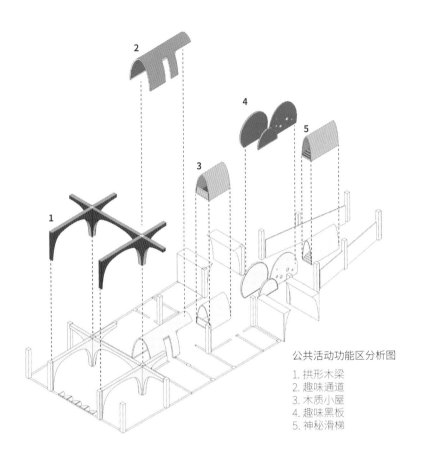

公共活动功能区分析图

1. 拱形木梁
2. 趣味通道
3. 木质小屋
4. 趣味黑板
5. 神秘滑梯

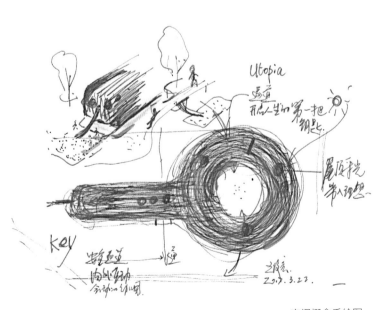

空间概念手绘图

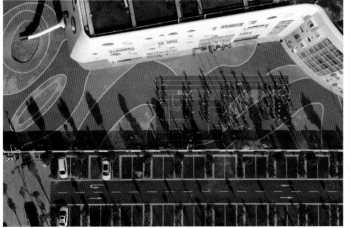

特色活动功能区分析图

1. 角色扮演区
2. 多功能 T 台区
3. 一层通道
4. 二层黑板区
5. 大厅上空
6. 二层通道
7. 日光的渗透

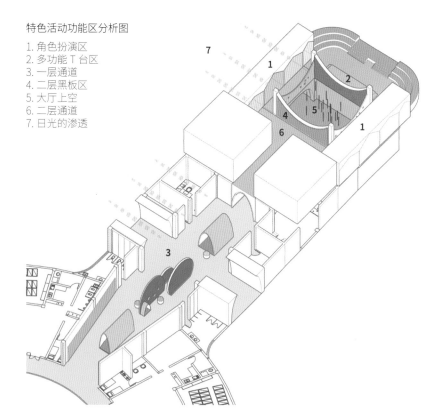

校园的每个区域都有着自己的功能，这得益于良好的自然条件。在概念的立意之初，设计师就力图创造一个可以与自然交融的校园，伴随着清晨太阳的冉冉升起，阳光照在渐变色的墙壁上，水、空气都伴随着微风自然而然地与孩子建立起了完整的联系，孩子一边呼吸着新鲜的空气，一边感受着自然的和谐，漫步其中，感受非凡的体验。

室外活动区的设计带来有趣的碰撞——混凝土的颜色与其他空间的颜色形成对比，也达成了和谐统一，新与旧的碰撞则带来了更多空间构成的可能性。室外活动区是孩子最主要的日常活动场所，设计师希望此区域更具有开放性和灵活性，可以满足不同年龄段的孩子对于空间的需求。当阳光照在有趣的路径上，地面变得五彩斑斓，出现一个个有趣的光影，正是这些小细节，让校园显得如此特别，此区域深受家长和孩子的广泛好评与喜爱。内部白色混凝土仿佛给建筑插上了白色的羽毛，让人仿佛进入仙宫，拥有神力。

设计师将福建土楼、哈尼族蘑菇屋的建筑结构保留下来，将传统文化元素与现代建筑相融合，置入当地特色艺术元素。设计师利用素朴的建筑语言表达建筑内涵，并在这个传统的躯壳里融入现代的设计手法，打造具有民族特色质感的现代建筑作品，同时更贴近当地孩子的生活方式。

中庭空间增加了建筑的流畅感和流动性，内部空间以白色为主，地面则以彩色为主，有活跃气氛的作用。中庭空间是孩子最主要的交往场所之一，其中的圆环路径简单、统一，孩子可以在明亮畅通的中庭空间肆意奔跑，自由自在地使用空间。

项目地点：中国，扬中
完成时间：2017 年
设计单位：普泛建筑工作室
　　　　　（Perform Design Studio）
主设计师：李谦
设计团队：谭志勇、王骞、陈舒凯、
　　　　　胡德赟、郑婷婷、杨成
施工图：江苏昊都建设工程有限公司
室内、景观设计：普泛建筑工作室（方案）、
　　　　　　　　江苏昊都建设工程有限
　　　　　　　　公司（施工图）
建筑面积：7003 m²
摄影师：何炼（直译建筑）

三环幼儿园

——让建筑如同孩子一样具有生命力

项目概况

每一个校园空间的营造有各自的机缘巧合，设计的重点不同，每一个校园都应该是一个有自己独特场所感的社区。在已建成的三环幼儿园项目中，建筑师试图在这个儿童社区中，探讨独立性和亲密性该如何共存，最终感悟出设计空间应有利于孩子个体自由成长的一种解读。

三环幼儿园位于江苏省扬中市北部新城区域，原项目名为城北幼儿园，后依据设计形态特征，命名为三环幼儿园。基地原本是一片农田，周边有部分已开发和待开发的住宅区。面对接近白板状态的基地，建筑师一方面选择从具体的功能需求入手，另一方面借助庭院这个江南文脉中的传统元素组织空间，但用一种完全现代的手法来进行操作。

为了容纳 15 个班级，同时营造出较小的空间尺度，采用的设计策略像解决几何题那样直接：3 个六边形庭院，分别对应小班、中班、大班 3 个年级，6 条边中 5 条边对应 5 个班级单元，剩下的 1 条边用于共享空间。所有的功能空间都围绕着这 3 个六边形庭院来组织，3 个庭院的平面形状完全相同，但楼层数分别从 1 层到 3 层，形成了一个相互交错叠落的整体形态。班级单元都位于六边形体块的顶层，拥有最有利的日照通风条件，其他辅助功能空间，例如音乐教室、美术教室、图书室、多功能教室、厨房、办公室等，则位于班级单元下方的楼层。

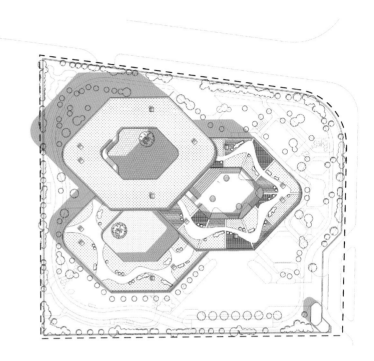

总平面图

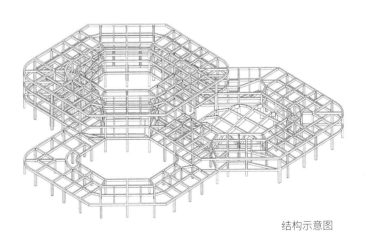

结构示意图

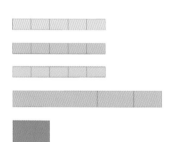

1. 幼儿园内 15 个功能空间图例（大班、中班、小班、后勤区、多功能教室）

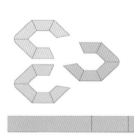

2. 每个年级的空间分别组成一个六边形

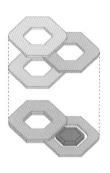

3. 教室位于高楼层，后勤区位于低楼层

4. 建筑空间相互交叠

5. 孩子很容易进入周边的屋顶平台

6. 3 个具有不同特色的庭院相互连通

概念演变图

3 个庭院有完全不同的特征和质感。小班小朋友在最低矮的一层庭院，方便进出，庭院里有树屋、滑梯等立体玩具。中班小朋友的教室挪到了二层庭院，庭院是一个略微往上鼓起的木质露台，其下方正好是大跨度的多功能教室。大班小朋友的三层庭院看上去常规一些，庭院地面采用混凝土铺装，但微微下沉的地面能够用来收集雨水，在天气炎热的时候，这里可以成为小朋友的戏水池。

每个年级的小朋友有自己所属的庭院，但同时也能通过连廊等交通空间便捷地去探索他们还不熟悉的其他庭院。安静低调的小朋友可能满足于在自己庭院里玩过家家，精力旺盛的孩子或许时不时跑到其他年级的庭院去串个门。整个幼儿园的核心空间是一个室外大台阶，它从二层庭院的木质露台向下延伸，部分被三层庭院的屋顶遮蔽。

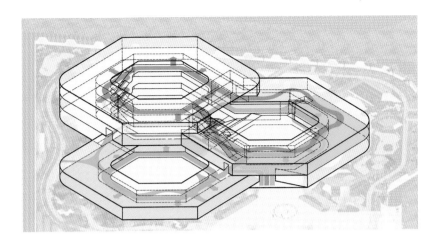

幼儿园流线分析图
绿色：小班
蓝色：中班
橘色：大班

剖面透视图

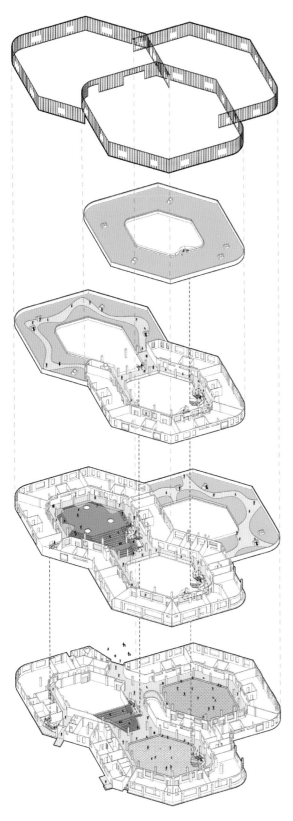

分层轴测图

3个庭院体块相互紧邻，这样方便小朋友从教室来到相邻的屋顶露台进行各种户外活动，他们喜欢从屋顶天窗往下方的教室看。弯曲的屋顶小路绕着庭院一圈，方便把他们带回到自己的庭院。

在这个项目里，建筑成为幼儿园内部运作的一种组织结构，3条环路有分有合，有独立也有重叠，如同3个同时展开又相互交织的故事。这里的空间有着清晰的架构，但不少初次到访的老师和家长都惊诧于内部像迷宫一般。这样的反差也让建筑师感到着迷，或许从建筑落成那一刻开始，空间已经远离了建筑师，有了自己的生命力。

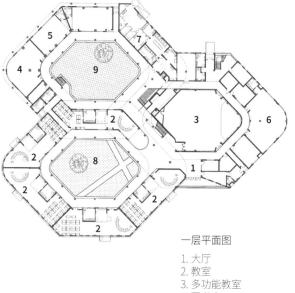

一层平面图
1. 大厅
2. 教室
3. 多功能教室
4. 图书室
5. 艺术教室
6. 家庭活动室
7. 厨房
8. 草坪庭院
9. 水庭院

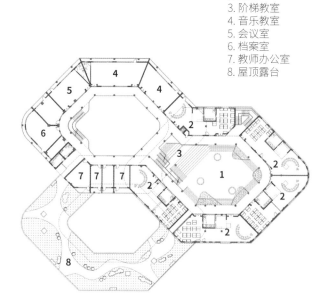

二层平面图
1. 平台庭院
2. 教室
3. 阶梯教室
4. 音乐教室
5. 会议室
6. 档案室
7. 教师办公室
8. 屋顶露台

三层平面图
1. 教室
2. 露台

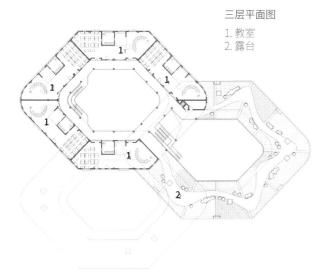

项目地点：中国，上海
完成时间：2017 年
设计单位：曼景建筑
主设计师：吴海龙
建筑面积：5899 m²
摄影师：苏圣亮（除标注外）

上海金蔷薇幼儿园

——无限的理想空间

项目概况

幼儿园建筑是住宅项目中必要的配套设施。在住宅价值最大化原则的驱动下，大部分幼儿园无法脱离被住宅挤压和被规范限制的双重困境，最终以妥协和消极的空间状态呈现。在上海一个被典型别墅区环绕的不规则用地内，曼景建筑试图通过设计的策略突破周边环境和建筑规范的双重限制，为孩子们营造一个城市中的理想空间。俯瞰时幼儿园形似∞，又被称为∞幼儿园。

在设计的最初阶段，建筑师面临的问题是如何用积极的态度去回应这块消极的场地——不规则的地形带来的用地效率低的问题、与别墅区过分接近带来的独立性缺失的问题。在无法对外部条件进行干预的前提下，最积极的态度也许就是再造一个理想之地，如同打造一个盆景，虽然盆景是微观和局部的，但是它包含了建筑师对这个世界的期许和想象。放弃过多与周边环境的呼应，而以一种异质化的状态介入，以不规则的场地为"盆"，在不规则的场地上造"景"。

作为城市尺度的盆景，它应该是一个理想化的空间存在，最重要的是要包含"日常"之外的"非常"。与普通集中式幼儿园不同，建筑师将这个接近 6000m² 的建筑分解成了房子、廊子和院子。这些空间组件犹如积木，以一种松散的秩序搭接成一个∞。

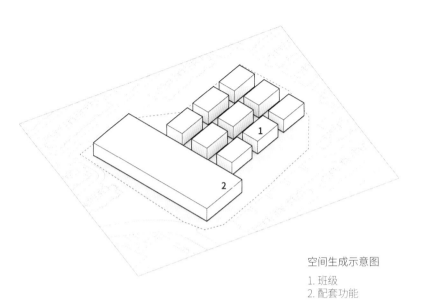

空间生成示意图

1. 班级
2. 配套功能

手绘图

聚落式布局的矩形单元——房子，容纳了儿童的
教室。房子的单元采用的对角坡屋顶的形式将一、
二层的两个班级统一成一个体量，这种坡屋顶的
形态可以用一种更为轻松的方式与周边的别墅区
的屋顶取得形式上的呼应。在体量上，错落的方
形窗洞共有 3 个尺寸，包含了与儿童的身体尺度
匹配的、用于加速空气对流的 2 个尺寸的低窗，
和便于卫生间通风采光的小高窗。窗框采用柠檬
绿色的彩色铝合金，配合窗洞周边墙体上的同色
涂料，在灰色的基底上画满了跳跃的景框。

廊子将分散的房子串联起来，容纳了幼儿园除班
级之外的服务空间：供儿童使用的晨检室兼接送
室、保健室以及音乐教室、绘画涂鸦室、构建室、
生活教室、科学教室，供教师使用的办公室、配
套用房。廊子容纳了连接各个分散班级的交通体
系，建筑师刻意将廊子加宽，并与室外空间融为
一体，让它除了起到交通作用之外，还成为让儿
童可以在此停留、相遇、玩耍的空间。

廊子和房子把场地分割成 4 种风格迥异的院
子——开放的外院、曲折的东西内院、屋顶花园
以及大树下的树院，可供儿童运动、玩耍、种植、
攀爬。

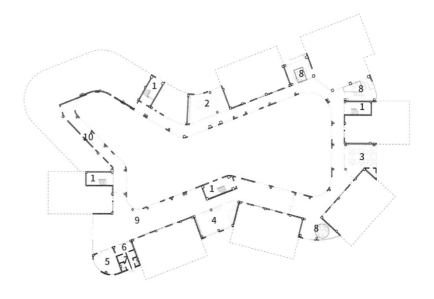

一层公共空间平面图

1. 楼梯
2. 科学教室
3. 家政教室
4. 舞蹈教室
5. 晨检室兼接送室
6. 保健室
7. 观察室
8. 庭院
9. 内廊
10. 外廊

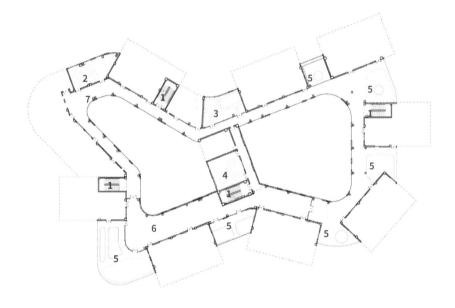

二层公共空间平面图

1. 楼梯
2. 绘画涂鸦室
3. 构建室
4. 图书阅览室
5. 植物辨识园
6. 内廊
7. 外廊

幼儿园是孩子们除家庭之外接触最多的空间，孩子们需要的不只是一所房子和一块活动场地，而是让他们能从家到外面世界的过渡空间，是可以盛放他们童心、童趣的空间容器。9 个房子、2 层廊子、4 种院子，在这个不规则场地中，通过散落、镶嵌、围合的方式创造了各种模糊的可能性，等待孩子们用自己的想法去定义。

对于幼儿园的不规则地形，建筑师意将其当作一个 1：1 的积木，将建筑从 3 层改为主体 2 层局部 3 层，以减少建筑对人的压迫感，导致用常规的空间布局方式无法完成任务：建筑平面增大，绿地率和活动场地面积难以达到要求；建筑周边场地形状不规则，不利于分班活动场地的划分。建筑师给出的答案是用一个飘浮的班级单元留出底层架空的活动场地；二层廊子形成退台，作为空中花园，增加绿地面积；在余量很小的场地中设置分班活动场地、器械储藏室、沙水池、跑道等。相切的圆环的边界自然形成了入园的环形洗手池、圆环景观路径和活动场地的边界。简单、统一的处理形式，带来了功能之间最少差异和可以互相转换的可能性。形式的统一性弱化了形式在设计中的地位，从而保证它跟不规则的地形之间会有更兼容性的衔接。

立面图

剖面图

对于内部空间的处理，建筑师保持了班级的规则平面，但是根据地形在方向上做了扭转，以满足日照和活动场地的要求。廊子减去矩形活动室留下的不规则剩余空间看似难以使用，实际这种空间的不规则性恰好让孩子们能够更加自由和多样地使用空间。建筑师利用了这一点，通过室内和景观的一体化设计，开发每个不规则空间的潜力，把整个建筑做成了一个超级玩具。

幼儿园的设计从解决现状的挑战出发，以空间概念作为引导，在设计过程中通过结合规范进行反复调整优化，形成最终的空间布局。设计过程本身，如同一个游戏，在明确的目标下，通过特定的规则，持续地迭代操作。最终的空间不是即时的灵感迸发，实际上是在一系列关联的空间操作过程中凝固的一个瞬时状态。

一层平面图

1. 活动室
2. 衣帽储藏室
3. 消毒间
4. 卫生间
5. 晨检室兼接送室
6. 保健室
7. 观察室
8. 办公室
9. 舞蹈教室
10. 生活教室
11. 科学教室
12. 多功能厅
13. 网络控制室
14. 淋浴间
15. 器械储藏室
16. 前厅
17. 消防生活水泵房
18. 厨房
19. 员工餐厅

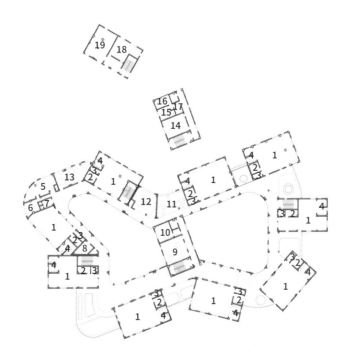

二层平面图

1. 活动室
2. 衣帽储藏室
3. 消毒间
4. 卫生间
5. 总仓库
6. 档案室
7. 备餐室
8. 休息室
9. 图书阅览室
10. 财务室
11. 构建室
12. 办公室
13. 绘画涂鸦室
14. 会议室
15. 园长室
16. 副园长室
17. 接待室
18. 教具、玩具制作室兼陈列室
19. 消防水箱间

A⁺ 自然学前院

—源于自然，自然而然

项目地点：中国，十堰
完成时间：2018 年
设计单位：西安迪卡幼儿园设计中心
主设计师：王俊宝
建筑面积：6000 ㎡
摄影师：侯博文

项目概况

这所新建的幼儿园位于湖北省十堰市，是一所注重儿童自然教育与品格成长的高端教育综合体，也是一个可以容纳很多儿童的大规模学前教育学院。设计师运用白色将校园外立面恢复到一种最基本且纯粹的状态，化繁为简，让光在空间中叙事，引导孩子们感受时间与空间的对话，穿梭在光与影之间。校园内部包含教室、午休室、多功能房间、卧室、儿童餐厅等主要功能空间，满足儿童日常活动所需。

幼儿园秉承自然主义教育理念，注重儿童心理健康、品格成长教育，顺应儿童自然天性，开发潜能，让十堰孩子提升格局，走向世界。设计师希望孩子们的进入，可以令这个校园展现出更为多样的姿态。"源于自然，自然而然。"设计师用视觉语言勾勒出孩子们天马行空的认知空间。

近年幼儿园环境设计有着越来越多的"奢华"元素，儿童身处的学习环境也有越来越重的"负担"。设计师开始思考，在这个时候，是不是应该做一点儿"减法"？于是，设计师决定从功能出发，以简单的几何体块构建空间。在点滴之间帮助孩子们找回某些失去的美好。

有戏剧空间效果的大型装置，是整个幼儿园的标志性入口，它将广场上的孩子们吸引进来，拾级而上，纯白色的外表给孩子们以简约及清新明快之感，校园建筑的形体、尺度等都与周边的环境不同。

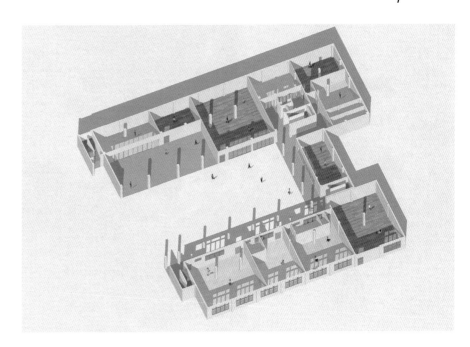

负一层空间布局图

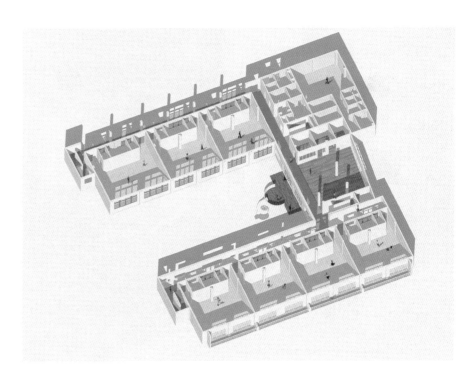

一层空间布局图

幼儿园鼓励孩子们快乐探险，让孩子们在休息玩耍的同时感受艺术与教育的价值意义。无隔断地打破空间封闭性，恢复空间的自由度，最大程度保证看护关系。外面的景色对于廊道上的孩子们来说是一幅移动的面画，户外活动平台成为他们的活动拓展空间。

在设计中加入了大量的室外平台、廊道等元素。设计师设计出了为孩子们遮风挡雨的户外场地，打破常规，在功能的排布上尽可能地使空间连贯。长廊同样是一个艺术装置，孩子们穿行其中，嬉戏追逐，趣味盎然。

柔软舒适的细节以及充满趣味的学习空间成为室内的主要基调。引入一缕清澈的阳光，让孩子们做导演，影子做主角，引导孩子们体验个性、独特的光影空间。

空间主要采用木色和白色色调，明亮且温暖，所有的室内空间都以儿童的视角作为主要的设计参考因素。室内空间同样享有充足的自然光线，孩子们非常享受属于自己的空间，这是一个可以为他们带来乐趣的空间，也确保了他们的舒适性。

幼儿园为了弥补国学教育的这一缺失，专门设立了国学室。为了可以让孩子们学习专业知识，设计师为孩子们设计出了非常舒适的空间。错落有致的造型直接地刺激孩子们对立体空间的感知，更为他们在社交中形成仁爱、智慧的人格提供了更多可能。

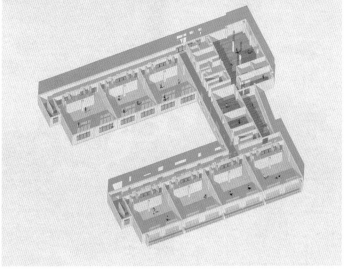

二层空间布局图

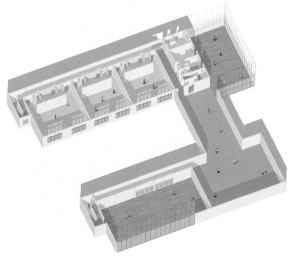

三层空间布局图

项目地点：中国，重庆
完成时间：2018 年
设计单位：元象建筑
方案设计团队：陈俊、苏云锋、宗德新、
　　　　　　 李剑、柴克非
建筑施工图：重庆市设计院
幕墙施工图：中机中联工程有限公司
景观设计：道远景观
建筑面积：2701 m²
摄影师：DID STUDIO

重庆怡置北郡幼儿园

——多彩的"家"

项目概况

怡置北郡幼儿园位于重庆市两江新区约克郡北区，南隔城市道路与已建高层住宅区相邻，北侧及东侧为在建住宅区，西侧为城市绿化公园，场地较为平整，用地面积 3330m²，总建筑面积 2701m²。

主体建筑呈现 U 形，院落布局面向西侧公园，幼儿园可容纳 9 个班级，班级作为独立体量叠合布置，体量之间留有缝隙，使其保持 "自由呼吸"的状态。建筑师希望每个班级都能形成一个"家"的概念，希望孩子们在园中能建立归属感。各班级不仅在形体上是相对独立的，同时在建筑材质上也是各不相同的，尝试为孩子们营造出五彩缤纷的空间。

为了激发儿童的想象力与创造力，除了常规教学需求的空间，还设置了开放式的架空活动区、小舞台，使其成为前后院的"视觉焦点"，结合中心庭院设计了大楼梯看台、滑梯及斜面攀岩区，充分利用一、二层的屋顶作为室外活动场地。大量多功能的趣味空间，为儿童自发游戏及情境教学提供了开放性的场所。班级与班级之间的缝隙形成了趣味空间。为了打破传统音体室的独立模式，结合场地环境，建筑师打通了南北两个界面，独立可作为正常的教学空间，串通南北庭院可以形成多功能的教学空间。

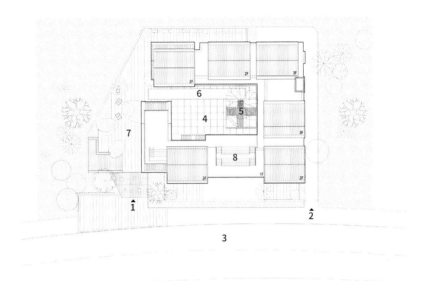

总平面图

1. 主入口
2. 后勤入口
3. 城市道路
4. 中心庭院
5. 大楼梯看台
6. 跑道
7. 外庭院
8. 活动平台

鸟瞰图

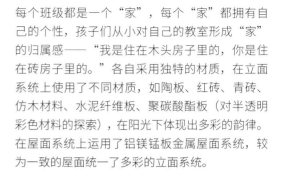

每个班级都是一个"家"，每个"家"都拥有自己的个性，孩子们从小对自己的教室形成"家"的归属感——"我是住在木头房子里的，你是住在砖房子里的。"各自采用独特的材质，在立面系统上使用了不同材质，如陶板、红砖、青砖、仿木材料、水泥纤维板、聚碳酸酯板（对半透明彩色材料的探索），在阳光下体现出多彩的韵律。在屋面系统上运用了铝镁锰板金属屋面系统，较为一致的屋面统一了多彩的立面系统。

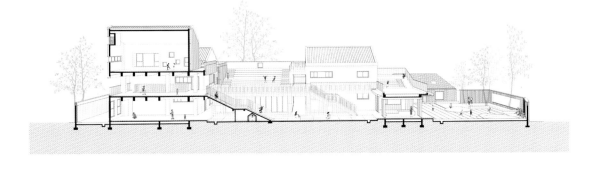

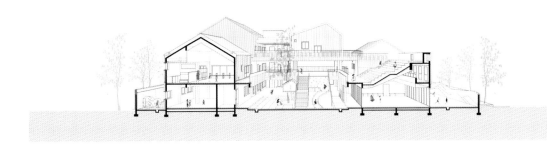

剖面图

一层平面图

1. 主入口
2. 后勤入口
3. 等候区
4. 晨检室
5. 医务室
6. 隔离室
7. 过厅
8. 小舞台
9. 音体室
10. 班级教室
11. 卫生间
12. 幼儿餐厅
13. 办公室
14. 厨房
15. 侧院
16. 活动场地
17. 跑道

小舞台及中心庭院插画表现

大楼梯看台与书屋插画表现

从二层走廊望向中心庭院插画表现

二层平面图

1. 班级教室
2. 卫生间
3. 合班教室
4. 户外活动区
5. 架空活动区
6. 音体室上空

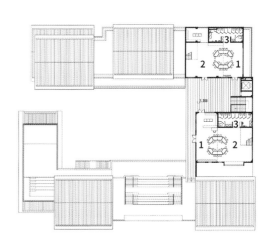

三层平面图

1. 班级教室
2. 幼儿休息区
3. 卫生间

项目地点：西班牙，洛斯阿尔卡萨雷斯
完成时间：2018 年
设计单位：COR 建筑师事务所（COR
　　　　　ASOCIADOS ARQUITECTOS）
主设计师：米高·罗德纳斯（Miguel
　　　　　Rodenas）、赫苏斯·奥利瓦雷
　　　　　斯（Jesús Olivares）
建筑面积：811 m²
摄影师：大卫摄影工作室（David Frutos，
　　　　www.davidfrutos.com）

棕榈间幼儿园
——体验教室之外的教育

项目概况

项目坐落在西班牙小镇洛斯阿尔卡萨雷斯。小镇的快速发展和扩张，导致人们对公共教育设施，尤其是幼儿园的需求日益增加。幼儿园在社区中起到重要的公共职能作用，帮助人们实现美好的日常居住生活。

社会的快速发展和经济增长有时会催生一些不守规则的城市社区组织，该项目便是为了避免这种情况发生所采取的措施。受劳伦佐基金资助，项目落成于三岔路口的矩形地块中，用地面积 7 万 m²，打断了四周连贯的绿地景观。用地环境促使项目成为与周围环境相迎合的、充满趣味性的教育空间。绝佳的场地优势促使该项目不仅成为对周围居民生活有益的全新教育活动中心，还将不连贯的绿地景观重新连接起来，构成完整的城市环境。

幼儿园建筑面积 811m²，包含教室、午休室、多功能室、卧室、餐厅和办公室 6 个主要功能空间，满足日常活动所需。

建筑的两翼在中央大厅聚合，形成主入口，并围合而成内部中庭。建筑对外临街而立，对内形成户外庭院，供儿童休憩玩耍，并保证了儿童的安全。相连的建筑两翼中，较大的一座包含主要教学区、更衣室、办公室和低龄儿童活动区，另一座包含餐厅和其他功能活动空间。

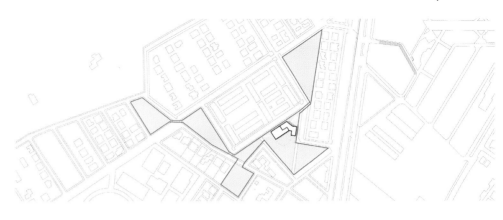

总平面图

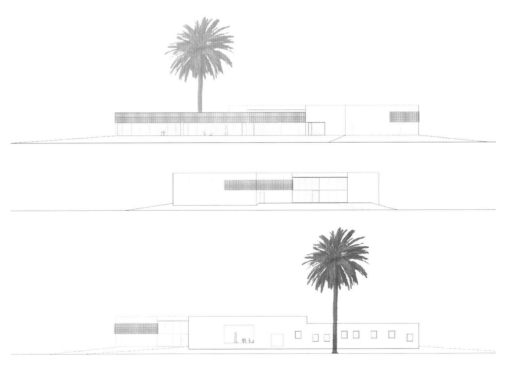

立面图

洛斯阿尔卡萨雷斯小镇拥有怡人的生态环境。因此，建筑设计倾向于将空间开放，立面设计充分考虑自然光的利用与遮挡，避免恶劣气候对户外活动的干扰。同时，设计尽量使建筑融入自然环境，以此鼓励户外教学，创造室内外皆宜的教学体验。

设计充分考虑了教室之外的教育的重要性以及集体活动对儿童的影响。

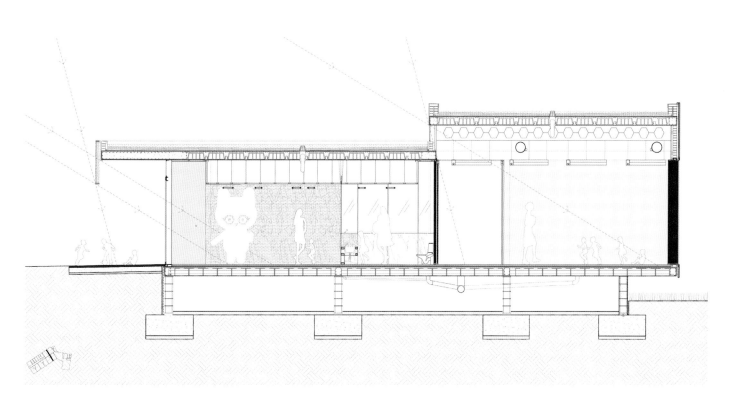

剖面图

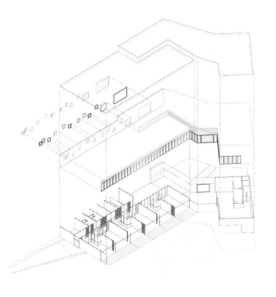

立体空间布局图

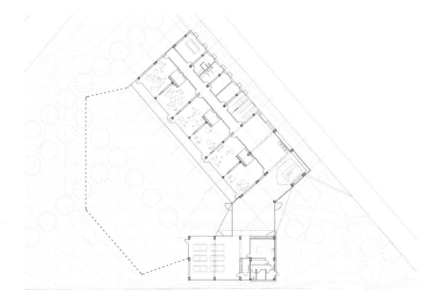

平面图

项目地点：中国，苏州
完成时间：2018 年
设计单位：BAU
建筑面积：17.8 万 m²
摄影师：舒赫

苏州科技城第三幼儿园

——水乡的幼儿园

项目概况

建筑师在设计这所幼儿园时向周边街区的建筑类型学习，探索公共空间和私人空间的边界、循环设计的智能动线以及本地建筑。它的完成向人展示了一种处于正式与非正式教学空间的临界区域。

大庭院是幼儿园的绿化重点。周围围绕的是一个连续的走廊，可以供孩子们遮风避雨。活动的玻璃墙将大庭院和走廊与内部循环动线相连。幼儿园的后院为 8 个教室提供了更私密的玩耍空间。50m 长的小房间设计灵感源自中国的景墙，这样的空间为孩子们提供了无限循环玩耍的可能。地下停车场环绕于大庭院周围，为将来种植大型树冠树木提供了便利。

环路是一个线性广场，这样宽广的娱乐空间足以供教师们举办展览、建立游戏空间、与孩子们玩游戏等。环路是主要的动线，连接到了所有楼层的所有房间，排除了死胡同，不仅可以俯瞰庭院，也可以俯瞰外界。地板上的色带缩小了走廊对孩子们来说的"规模"，为游戏提供了一个宽松的框架。这条环路被视为一个多彩的高架丝带，不同于锚定的教室建筑。

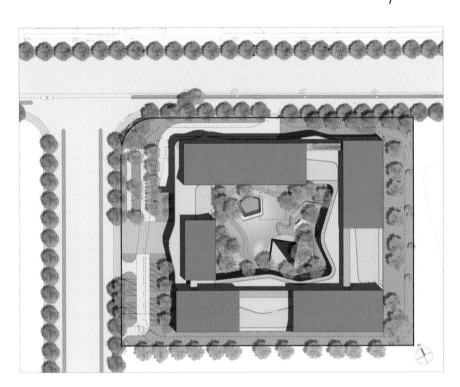

平面图

东立面图

北立面图

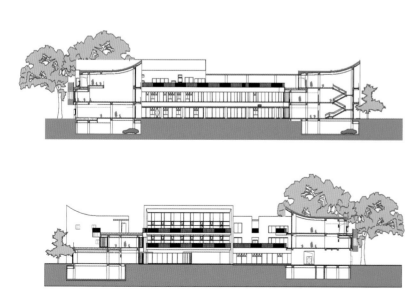

剖面图

一层平面图
1. 教室　　　6. 厨房　　　11. 走廊
2. 艺术教室　7. 会议室　　12. 玩具屋
3. 特殊教室　8. 设备室　　13. 入口
4. 儿童餐厅　9. 体检室　　14. 入口大堂
5. 教师餐厅　10. 阳台　　 15. 操场

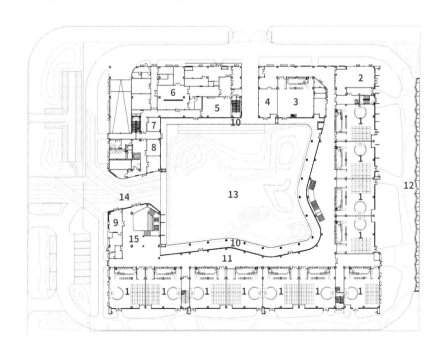

艺术家克雷格·伊斯顿（Craig Easton）居住在上海，攻读博士学位时研究的是苏州古典园林和当代抽象派。他为走廊的每一面墙设计了壁画。这些艺术作品包含了太阳、山和海的抽象主题。这些抽象壁画让各楼层区分开来，并在每一层中起到指示方向和位置的作用。

苏州是华东地区第一个保护和推广传统水乡建筑之美的文化之都。幼儿园的体量、材料、色彩和屋顶形式，让建筑规模看起来更小，并参考了苏州的水乡建筑精髓。

二层平面图

1. 教室
2. 阳台
3. 走廊
4. 阶梯教室
5. 多功能厅
6. 音乐教室

三层平面图

1. 教室
2. 艺术教室
3. 特殊教室
4. 会议室
5. 音乐教室

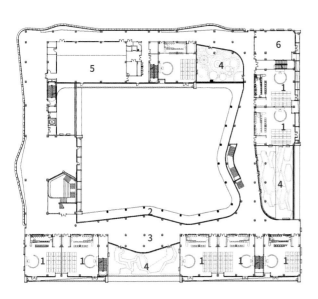

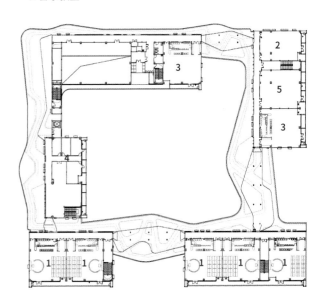

项目地点：中国，宁波
完成时间：2018 年
设计单位：格筑设计
主设计师：赵鹏
建筑面积：14,920 m²
摄影师：邵峰

宁波艾迪国际幼儿园
——为爱营建的欢乐"梯田"

项目概况

宁波艾迪国际幼儿园坐落于宁波市集士港核心商业区西侧，西侧为农田，东侧为高档居住区。建筑面积 14,920m²，配置 18 班。

根据幼儿园的教育理念，新建幼儿园旨在营建爱、欢笑和学习的源泉，为有效开展幼儿园多元智能天赋教育提供良好的平台，尊重每个孩子的不同，支持每个孩子的天赋。

幼儿园是童年记忆的重要部分，设计的初衷是让每个孩子能够自发地去探索和发现自然。建筑师利用通透的大玻璃窗、阳台、屋顶平台、各种院落构成启发型和体验型的场景。孩子们可以通过大玻璃窗观望外面的世界，也可以近距离接触自然。清新简洁的内外空间营造出幼儿园活泼、欢快的气氛，为孩子们创造一个承载美好记忆的环境。

建筑以平行的姿态展开，形成 3 个相互串联的内院，使封闭、半封闭以及开放式活动场地有机组合，形成序列型的过渡，不断培养孩子们与自然和社会相融的开放心态。

退台的体量消解了整个建筑的尺度，同时保证了内部院落的日照充足，并形成梯级的过渡。低年级教室位于低楼层，高年级教室位于高楼层，这样的空间规划容易形成自我的空间认知。低年级的屋顶可以作为高年级的活动平台和花园使用。

场地规划图

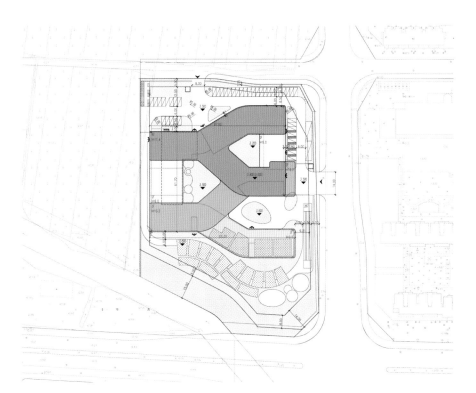

总平面图

剖面图

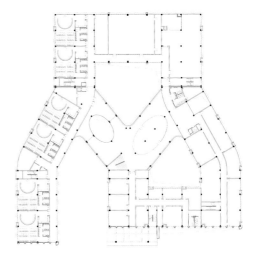

二层平面图

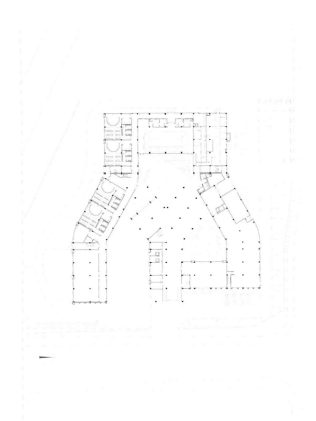

一层平面图

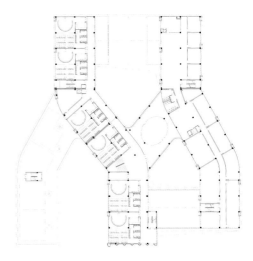

三层平面图

游戏和运动是幼儿园教学的重要部分。每个院落之间可作为半户外空间的过渡，形成多个游戏空间，也可以用作展示、游乐和风雨教学的场地，是整个建筑最富弹性和活力的空间。一至三层线性走廊区域是孩子们生活、学习、玩乐的空间，流线交叠形成的放大空间成了孩子们最爱的天地，这里有科学迷宫、游泳馆、图书廊和小舞台。

在整体的白色基调下，建筑立面采用了跳动的色彩，能够和内饰及景观的色彩有机地结合起来，带动孩子的情绪，激发校园活力。

在幼儿园的北区设置了10多个主题不同的专用功能室，包括杰立卡操作室、STEM 科探馆、智高建构室、创意美工探究坊、百草园探究坊及沙盘游戏区等，不仅能发展孩子们的数理逻辑智能、想象力及 EQ，还可以在游戏中促进孩子们自身智能的社会化发展。游泳池的设置能有效提高孩子们的肢体运动能力，更有益于儿童体、智、德、美的全面成长。

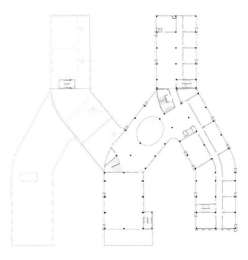

四层平面图

项目地点：中国，晋江
完成时间：2017 年
设计单位：上海成执建筑设计有限公司
主设计师：李杰
设计总监：徐鹏、唐林衡
设计团队：陶玲、敖翔
施工图设计：中元（厦门）工程设计研究院
　　　　　　有限公司
建筑面积：10,800 m²
摄影师：余未旻

晋江市世茂青鸟同文幼儿园

——限制性设计条件下的"不受限"儿童乐园

项目概况

幼儿园位于晋江市一个大型住宅开发地块内，东临城市干道，北侧、西侧均为超高层住宅，用地呈不规则的三角形，非常局促。

设计以"退让"为核心策略，着力缓解幼儿园与周边高层的对峙关系。建筑体量沿用地展开，以一种类似"甜甜圈"的形态围合成一个内聚性中心庭院，所有班级活动单元及辅助用房均围绕该庭院展开。中心庭院为儿童提供了一个安全内聚的游戏场地，并为日常全园性集中活动提供了空间。

为减少对北侧住宅的压力，幼儿园北侧的建筑体量沿界以"波浪"起伏的曲面形态呈现，塑造出一种有趣的缓冲界面，为紧邻住宅的低层住户提供了表情生动的对视景观，同时也为建筑内部塑造了一段富有戏剧性的环廊空间。

3.8m 宽的大尺度环廊串联每层的班级活动单元和功能房间，为全园的小朋友提供了一条长达 220余 m 的带状室内活动空间。这种做法将普通的交通空间替换成全天候活动场所，在这可以尽情奔跑、追逐，无拘无束地游戏。

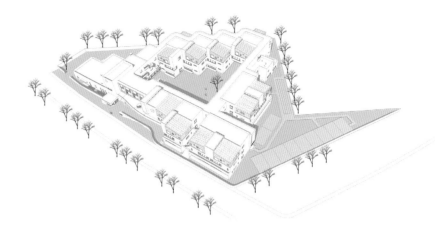

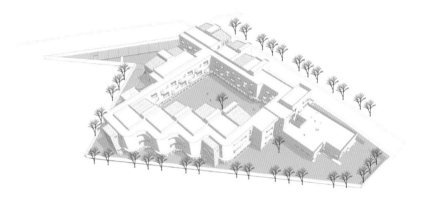

鸟瞰图

模拟分析图

在朝着中心庭院的环廊外墙上，设置了 3 种
不同尺度的洞口，对应不同的活动场景。洞口
尺 寸：2700mm×2700mm——落 地 窗 洞，老
师和小朋友都能通过这个窗洞看到中心庭院；
1800mm×1800mm——距 地 900mm 的 窗 洞，
老师能往外看到中心庭院，小朋友能往上看到天
空；1500mm×1500mm——进深 900mm 的落地
凸窗，大人不便进入，但它是小朋友的私属小屋，
三两个小伙伴可以躲在"小屋"里分享彼此的小
秘密，或者藏在里面与走廊上的其他小朋友玩捉
迷藏的游戏。

不同尺度的洞口随着阳光照射角度的不同为走廊
空间塑造了多样而生动的光影效果，无论从室内
还是室外看，都带给人丰富的视觉体验。

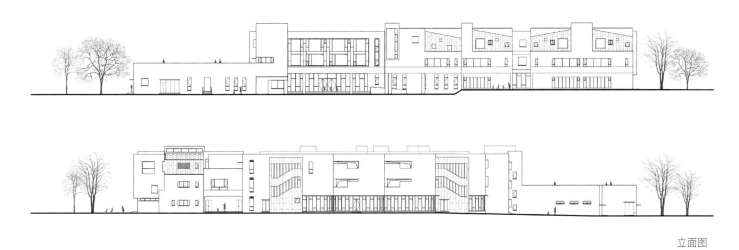

立面图

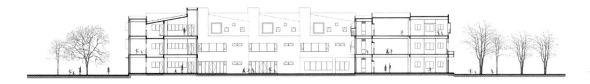

剖面图

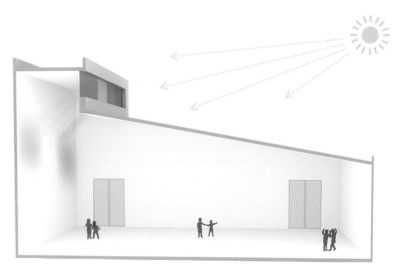

天窗采光示意图

设计师给每层的每一个班级单元都设置了彩色天窗，期望每天早晨的阳光透过天窗投射到活动室的白色墙面上，能产生如七色彩虹般的光影效果。这面墙将成为儿童的天然调色板，从早晨到傍晚，随着时间的不同变幻出不同的色彩和图案。

标准班级单元采用了形体简洁的单坡屋顶，坡屋顶对于小朋友来说就是"房子"或"家"最典型也是最抽象的表达，它是一种建筑符号，也是一种情感媒介。不同的坡屋顶组合形成了丰富的建筑立面效果，也为周边高层住户提供了有趣的园区"第五立面"。

作为商业开发项目的配建幼儿园，在建设成本和设计管理上都有它天然的局限性。设计师力求通过朴素的设计语言，以有趣的空间来组织功能，以明确的体量来塑造光影，在限制性设计条件下用心营造一个"不受限"的儿童乐园。

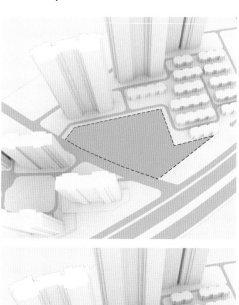
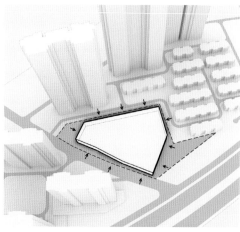
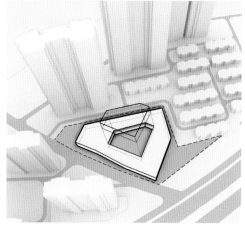
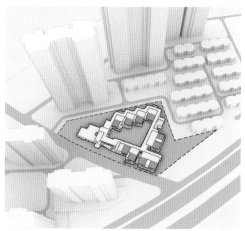

地块生成示意图

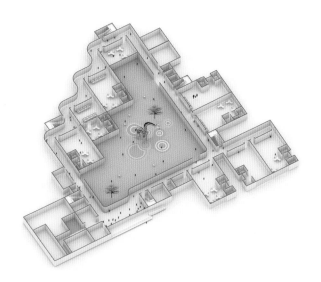
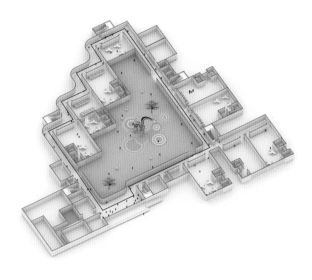

动线示意图

顶层平面图

一层平面图

1. 班级活动单元
2. 值班传达室
3. 教师办公室
4. 备餐区
5. 多功能活动室
6. 接待室
7. 消防控制室
8. 钢琴室

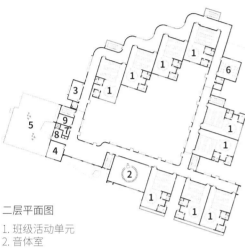

二层平面图

1. 班级活动单元
2. 音体室
3. 教师办公室
4. 资料室兼会议室
5. 屋顶活动平台
6. 美术室
7. 储藏室
8. 备餐区
9. 行政办公室

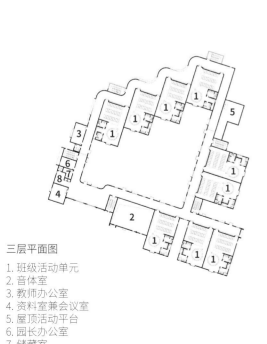

三层平面图

1. 班级活动单元
2. 音体室
3. 教师办公室
4. 资料室兼会议室
5. 屋顶活动平台
6. 园长办公室
7. 储藏室
8. 备餐区

项目地点：中国，上海
完成时间：2018 年
设计单位：立木设计研究室
建筑面积：560 m²
摄影师：杨鹏程

马场旁的早教中心
——让"趣味"循环的阳光舞台

项目概况

该项目的设计将游戏、探索空间彻底分解，并将这些空间灵活置入整个早教中心环绕式的活动路径之上，使孩子们能最大程度地释放天性，在无意间完成自主学习、自然成长。

改造前的幼儿园使用空间和交通空间完全脱节，部分走道甚至没有采光，形式单调，尺度失衡，设计师先对调了二楼的教室和走道，消灭了无采光的消极空间。

接着在深入研究儿童成长过程中蹲、爬、坐、卧、跳等行为特征的基础上，加厚了走道和教室之间的隔断，使其变成集合了采光、亲子活动、儿童游戏、教具储藏的多功能场所。

以走道为切入点，打造出一条串联了门厅、教室、阅读树屋、楼梯、小舞台的"趣味循环"。

高低错落、大小不一的洞口或是游戏的器械，或是神秘的通道，或是风景的相框，或是舒适的躺椅，或是储藏的柜体。这类洞口的设计像一块神奇的磁铁，不但具有高效的使用性，还能起到吸引注意力的作用。

凌空而出伸向大厅的阅读树屋是孩子们阅读课时的专属天地，设计师又在其下创造出一个天然的小舞台，在消解门厅的空旷尺度的同时也成为整个门厅的视觉焦点。

欢乐树屋

玩游戏　　　　　捉迷藏　　　　　看表演　　　　　"开火车"

运动场地

"爬山"　　　　　滑坡　　　　　"游泳"　　　　　攀岩

游戏洞口

对坐游戏　　　　钻地道　　　　　玩转盘　　　　　照哈哈镜

亲子交流

拥抱与爱抚　　　亲子游戏　　　　隔窗打招呼　　　看孩子玩耍

活动分析图

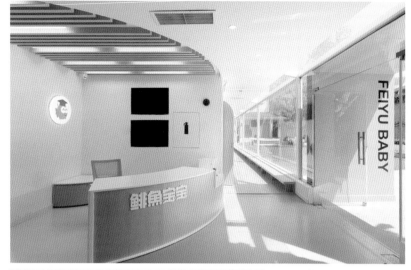

使用计算机数字化技术模拟重力找形而得到的波浪装置由 90 块长短不一的油画布组成。这些洋溢着童年浪漫的柔软线条，将从屋顶洒向地面的阳光切成粼粼波光。当家长和儿童在大厅里奔跑玩耍时，仿佛是在沙滩上踏浪。

设计师将家具融合到墙体、楼梯之中，使洞洞墙、攀岩墙、楼梯玩具车道等造型更简洁。PVC 地面、木饰面、油画布都采用可持续性的环保材料，其所形成的亲切界面使早教中心充满了温馨氛围。

设计师以暖木色为基调，在墙面上节制地点缀着蔚蓝色波浪图案，白色吊顶上有精心布置的星辰灯具，在一个 500m^2 的房子里创造出富有童趣的星空、森林和大海意象。

改造前的平面一侧没有自然采光，门厅、走道尺度偏大，而教室尺度却偏小。

对于和实际需求截然相反、颠倒式的先天条件，设计师先对调了教室和走道的位置，创造出一条采光良好、上下连通的趣味动线。接着又将教室封闭的隔墙改为加厚的洞洞墙，以集约收纳、改善采光，最后实现了空间尺度和视觉效果的双赢。

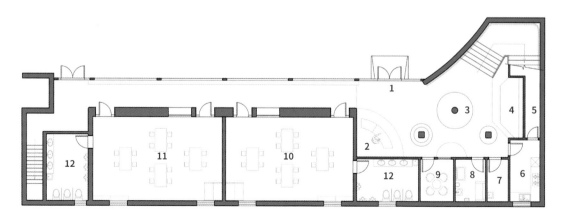

一层平面图
1. 主入口
2. 前台
3. 小舞台
4. 海洋球池
5. 储藏室
6. 厨房
7. 清洁间
8. 婴儿室
9. 会议室
10. 教室 1
11. 教室 2
12. 洗手间

06 对细微事物感兴趣的敏感期 1.5~4岁

05 大肌肉发育的敏感期 1~2岁 | 小肌肉 1.5~3岁

04 手臂发育的敏感期 6-12个月

03 口腔的敏感期 4-12个月

02 味觉发育的敏感期 4-7个月

01 光感的敏感期 0-3个月

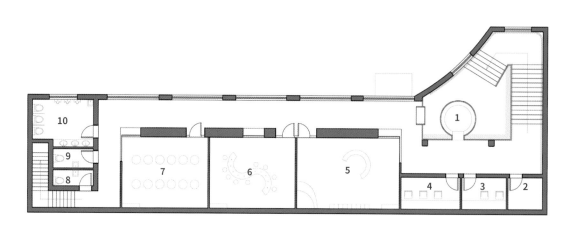

二层平面图

1. 阅读树屋
2. 储藏室
3. 办公室 1
4. 办公室 2
5. 教室 1
6. 教室 2
7. 教室 3
8. 洗手间 1
9. 洗手间 2
10. 洗手间 3

项目地点：中国，广州
完成时间：2018 年
设计单位：圆道设计
主设计师：程枫祺
建筑面积：1000 m²
摄影师：半拍摄影
文字：张森文字工作组

狮子国际幼儿园
——解放天性的成长空间

项目概况

主设计师程枫祺说："我们希望创造一个室内空间，却能打破室内空间常有的规整，创造一个有序有趣的探索空间。灵感来自对孩子们的'秘密基地'的想象，像地下的蚂蚁窝结构一样，由一个个小路径联系着一个个小空间，充满乐趣。"

狮子国际幼儿园项目位于广州市天河区的一个老社区内，周围环绕着老式住宅。社区本身缺乏幼儿活动场地，这里的孩子们急需一个舒适安全的环境来学习与玩乐。

项目选址在一个仅有 500m² 的老粮仓内，面对功能、空间与环境的多重矛盾关系，设计师力图通过设计，突破周边环境和建筑空间的双重限制，为老城区内的孩子们创造一个健康、环保的可持续性成长空间。

作为一个鼓励幼儿自由探索的教育机构，狮子国际幼儿园遵循 STEAM 教育理念，即将"科学、技术、工程、艺术、数学"多学科融合。教育理念与国际接轨，注重幼儿的全面协调能力发展，引领幼儿在自由探索的环境下，通过身体力行，培养自己的观察能力、解决问题的能力、合作能力、思维能力、沟通能力，乃至启发他们保护环境珍爱生命的社会责任感。基于此，设计师将室内设计与 STEAM 教育理念进行了无缝接轨。

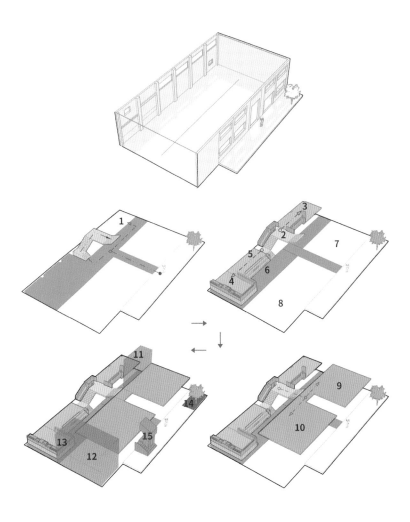

空间布局分析图

1. 办公室
2. 滑梯
3. 儿童阅读平台
4. 开放式儿童烹饪教室
5. 角色扮演区
6. 表演区
7. 木工课室
8. 舞蹈课室
9. 美术课室
10. 科学课室
11. 洗手间 1
12. 洗手间 2
13. 储藏间
14. 沙池
15. 攀岩墙

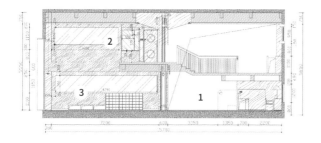

剖面图

1. 表演区
2. 科学课堂
3. 舞蹈课室

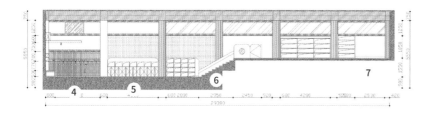

立面图

4. 开放式儿童烹饪教室
5. 角色扮演区
6. 滑梯
7. 儿童阅读平台

项目改造前是一个老旧的仓库，面积不大，挑高近 7m，存在因单侧空间开窗狭窄采光不足的问题。出于对儿童身体和心理健康的考虑，设计师决定扬长避短构建空间的大体格局——将空间分成两部分，前侧安排为课室，保证充足的阳光；后侧将原有开窗扩大，增加透光度，依靠空间的层高优势，利用贯穿空间的大楼梯，划分出更多可以用来发展儿童天性的自由探索空间。

为了与国际教学标准结合，前侧课室分为上下两层：一层设置木工课室和舞蹈课室，二层设置美术课室和科学课室。通过合理的学习分区、多样化的师幼互动突出 STEAM 多学科综合教育的概念。后侧的自由探索空间通过空间内的主楼梯，将滑梯、儿童阅读平台、开放式儿童烹饪教室及角色扮演区等分段式穿插在空间内。

同时，一层课室的门在打开后营造出一个可以组织小型演出或集体活动的户外空间。通过对空间区角的灵活化使用，在功能上对不同空间进行定位，丰富幼儿教育空间的教学内容，项目中的设计尝试解决国内幼儿教育空间一直以来功能性不明确且存在缺失的问题。丰富的室内活动区域，不仅可以诱发儿童的探索心理，也让他们可以根据自己的兴趣爱好自由选择，进行主动探索。

一层及二层平面图

1. 办公室   9. 美术课室
2. 滑梯   10. 科学课室
3. 儿童阅读平台   11. 洗手间 1
4. 开放式儿童烹饪教室   12. 洗手间 2
5. 角色扮演区   13. 储藏间
6. 表演区   14. 沙池
7. 木工课室   15. 攀岩墙
8. 舞蹈课室

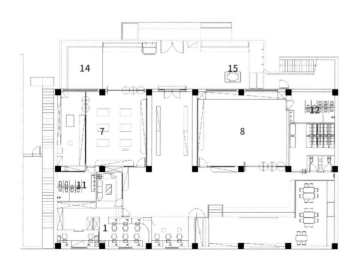

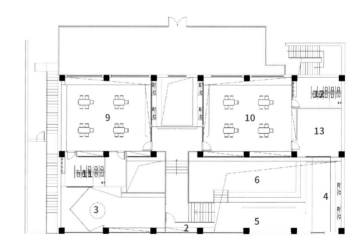

项目在设计上以原木色为主，用简单朴实的设计向孩子们展示出设计师和教育者的可持续性环保理念。设计师格外注重空间的环保性和安全性，项目采用的模块化设计方法是有效达到这一目的的手段。空间内所有的产品是先在场外模块化设计生产，再在现场进行拼装组合的，从而减少对场地的污染，降低对孩子们的二次伤害，真正实现设计的可持续。设计师认为，模块化设计手段可以有效控制设计和生产成本，通过定位空间的功能性，针对性地生产相关模块，在设计之初就可以大体给甲方提供整个设计预算。虽然该项目处于中国的一线城市，但这种成本适中、健康可持续的模块化设计对中国的二三线城市的教育空间市场而言更具实用性和适用性。

在项目的细节处理上，设计师选择对幼儿触感友好的建材，根据各年龄层儿童的身高定制家具尺寸，空间内所有的电源插座与开关的设计都定位在儿童接触不到的位置。为了弥补缺失的户外使用空间，设计师将室外不大的庭院功能化，以扩充孩子们的活动区间。考虑到水、沙、石是幼儿最喜欢的自然元素，因此在户外设计了沙池和攀岩墙，这种设计可以满足不同年龄段孩子的成长需求。

项目地点：中国，张家口
完成时间：2017 年
设计单位：空格建筑
主设计师：高亦陶、顾云端
建筑面积：10,954 m²
摄影师：顾云端

莱佛士幼儿园及早教中心
——在沙城中设计的绿洲

项目概况

项目位于张家口市怀来县的中心城镇——沙城，这里海拔 550 多 m，距离北京市中心约 120km。这个地处燕山山脉北侧的县城海拔高，空气透明度好，日照强度也非常大。尤其是冬天，风沙大，太阳亮到人睁不开眼睛。它是内蒙古的风沙刮进北京的最后一道屏障，地名起得直白——沙城。当地人调侃沙城的风是"一年刮两次，一次刮半年"。

除主体幼儿园之外，建筑还包括面向社会开放的早教中心部分以及为从北京等地聘请的老师提供的宿舍楼。这 3 个功能区，有需要的时候互相连通，平时完全隔开。

根据这些先决条件，设计通过一条折线形体量，将场地分成条状肌理，用建筑体量替代围墙，对幼儿园的各个功能进行组织与区分，令面向东侧支路的尺度与相邻的住宅区呼应。早教中心部分作为对外经营的区域，将幼儿园区域与北侧主干道隔开。

褐色体量部分是有明确功能界限的房间，如早教教室、职工住宅、班级活动室、专用教室、办公室、后勤服务区等。白色体量是公共性较强的活动区域，将其他功能体块连接在一起。

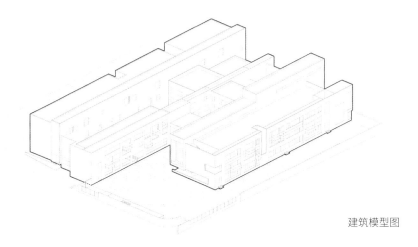

建筑模型图

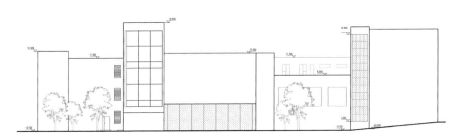

立面图

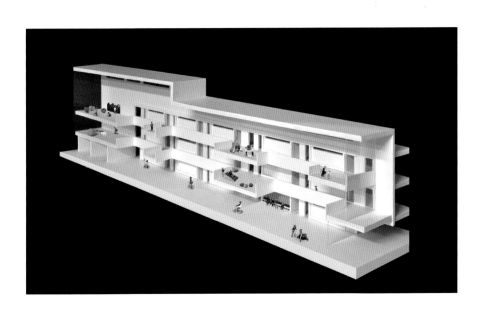

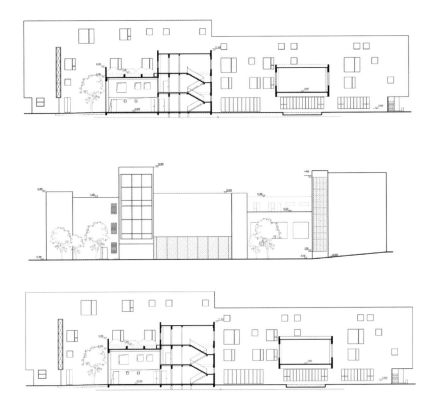

立面图

自北向南根据建筑高度限制与日照要求，依次布置早教教室、职工住宅和幼儿园。3 个功能区之间分别有 600mm 的高差，这些高差又通过内部庭院的台阶联系起来，既是分隔，也是过渡。设计师用后勤院落将职工住宅和早教教室分隔，并将儿童的活动场所与这些区域隔开。横跨班级活动室与职工住宅的体育专用室，有着开阔的视野。孩子们在上体育活动课时，可以看到操场。

在褐色与白色相间的体量之中，植入了若干大小不一的院落，比如入口小院、西侧外挂楼梯小院、后勤院落等。这些院子不仅给孩子们提供了夏天的户外活动场地，也为每个房间提供了良好的自然通风采光。同时在室外与室内空间之间设置了一种过渡及缓冲的空间，增加了空间层次与丰富性。

儿童需要通过奔跑、玩耍来释放能量以及认识这个世界，幼儿园的设计规范一直强调需要室外的班级活动场地。但是在沙城刮大风的时候，只要张嘴就会吃到一口沙子，连成年人也无法在风中站稳。

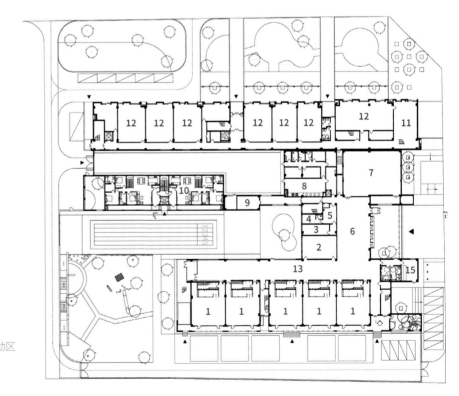

一层平面图

1. 班级活动室
2. 绘本室
3. 医务室
4. 隔离室
5. 晨检室
6. 门厅
7. 多功能厅
8. 厨房
9. 储藏室
10. 职工住宅
11. 早教门厅
12. 早教教室
13. 室内公共活动区
14. 种植园
15. 门卫室

设计方案提出设计一个超尺度的、满足全园儿童四季可用的室内公共活动区。它颠覆了以往走廊的概念，设计师将该走廊拓宽至 6m，形成中庭，连接各个班级活动室。因为这个空间足够长，幼儿园的孩子们不仅可以在里面做普通的游戏，还可以进行打羽毛球等活动，甚至还可以骑自行车。各个班级之间的活动也可以相互看见，产生视觉听觉上的联系。

在室内设计时，考虑到过大的建筑尺度会对儿童造成心理压力，在大空间的墙上嵌入一些符合幼儿尺度的小盒子，为孩子们提供了玩耍攀爬的空间。班级活动室外的橙色墙面下的小柜子，既可以用来存放孩子们室外穿的鞋，也可以作为他们玩累了坐下来休息的小凳子。

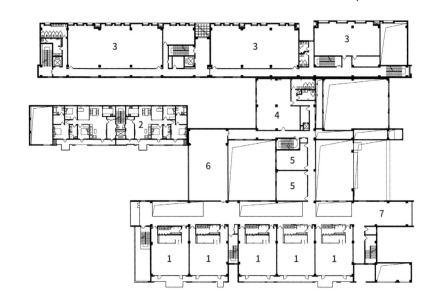

二层平面图

1. 班级活动室
2. 职工住宅
3. 早教教室
4. 办公室
5. 专用教室
6. 体育专用教室
7. 室内公共活动区

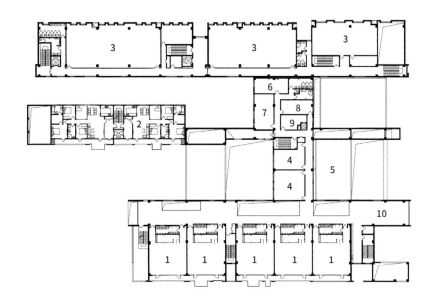

三层平面图

1. 班级活动室
2. 职工住宅
3. 早教教室
4. 专用教室
5. 屋顶农场
6. 办公室
7. 园长室
8. 教具、玩具制作室
9. 备餐室
10. 室内公共活动区

项目地点：波兰，苏瓦乌基
完成时间：2018 年
设计单位：xy 设计工作室（xy studio）
主设计师：多洛塔·西宾斯卡
　　　　　（Dorota Sibinska）、
　　　　　菲利普·杜马金斯基
　　　　　（Filip Domaszczynski）、
　　　　　马塔·诺沃切斯卡
　　　　　（Marta Nowosielska）
设计团队：安娜·普拉拉
　　　　　（Anna Pralat）、
　　　　　马塔·科摩罗斯卡
　　　　　（Marta Komorowska）
建筑面积：1125 m²
摄影师：菲利普·杜马金斯基
　　　　（xy 设计工作室）

苏瓦乌基幼儿园
——极端气候条件下的避风港

项目概况

苏瓦乌基幼儿园是 Fabryki Mebli "Forte" SA 家具厂为其员工子女创办的第二所幼儿园，计划容纳 150 个孩子。苏瓦乌基位于波兰北部，地理环境对建筑形状有很大的影响。幼儿园位于美丽但多风的郊区，大块的用地给了建筑师设计单层建筑的机会。建筑位置和功能布局由太阳决定。东侧是为年幼的孩子设计的，在午睡前他们需要更多的光线，下午他们在外面玩耍。在炎热的夏天，建筑的位置和方向为操场提供了遮阴。

幼儿园位于用地西部，因为年龄较大的孩子白天不睡觉，所以一整天都需要阳光。从幼儿园的教室里可以看到带有小温室的花园。游乐场位于南侧，不会分散孩子们的注意力。几年后，种植的树木将遮挡操场。卫生间位于游乐场附近。整栋建筑周围环绕着多功能屋顶露台，内置沙坑，孩子们能在教室附近玩耍。屋顶具备防雨和防晒功能。屋顶孔洞的位置由建筑师指定，以便为每个沙坑提供阴凉。所有教室均可直接与露台相连，可以打开大窗户，扩大教室区域。

在夏季，屋顶可防止大厅过热。在冬季，太阳高度相对较低的时候，让阳光能照射到室内，所有教室都由天窗照亮。因此，整个室内充满自然光。

建筑平面图为 H 形，这样就形成了两个庭院——一个位于入口，另一个位于花园。建筑周围环绕着木制露台，起到防风、防晒的作用，并且具有门垫的功能。大型多功能厅是建筑的核心。庭院设有天窗和大玻璃窗，里面有梯子、秋千和带镜子的墙。在下雨的时候，这里是完美的游乐场。

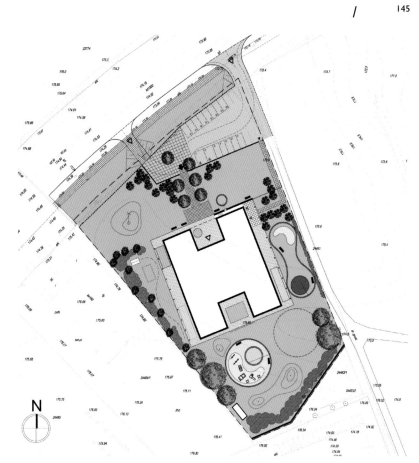

场地平面图

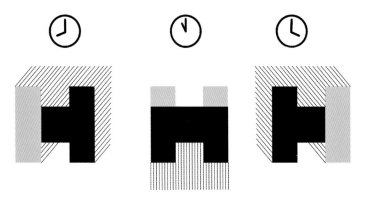

日照模型图

土地开发规划与建筑规划同样重要。周围环境是建筑的补充，是其延续。教室与露台直接相连，露台与游乐场和绿地相连。沿东侧边界是花坛和温室，花坛里种植了覆盆子、黑莓、蓝莓以及许多其他可食用的植物，周围环绕着草坪和丘陵。这是一个非常自然的游乐场，由山上的风车提供动力。对孩子们来说，别具吸引力的是正立面上的螺旋滑梯。

为了确保儿童的舒适性，整栋建筑适应儿童的体型。为了让他们感觉舒适，屋顶较低，即便容积率较高，也不会让室内感到压抑。从外面看，会感觉建筑物很小，但是当进入室内时，又会感觉很大。由于恶劣的天气条件以及波兰这一地区的多雨气候，建筑师放弃了外部庭院，取而代之的是一个大型多功能厅，作为建筑的核心，为儿童提供了在恶劣天气条件和空气污染的情况下玩耍的机会。

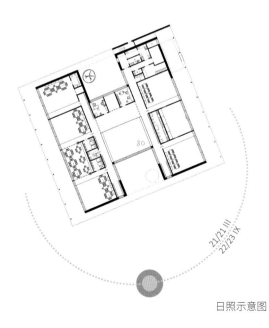

21/21 III
22/23 IX

日照示意图

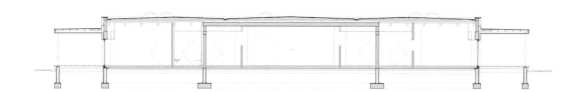

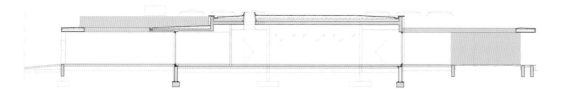

剖面图

平面图

项目地点：日本，长崎
完成时间：2016 年
设计单位：佐佐木敬设计事务所
　　　　　（KEI SASAKI）、
　　　　　媒介设计事务所
　　　　　（INTERMEDIA）
建筑面积：970 m²
摄影师：中村惠（Kai Nakamura）

爱宕幼儿园

——建在坡地上的想象力空间

项目概况

该项目的设计概念是依山坡地势建造一所幼儿园。也就是说，要让建筑依附于坡地，而不是通过掘地"强硬"地放置一个长方体。项目位于长崎市中心西山一侧，长崎市的大部分地方，都有许多陡峭的山坡，项目的所在地，也有着相同的情况，站在山坡上，可以俯瞰整个城市。所以，建筑师很自然地选择了尊重原始的地理特征。然而，用地周围的大部分建筑都是将地面弄平整以后进行施工的，呈现出矩形的体块。这样看起来没有尊重长崎市的既定地理条件，处理方式过于粗暴。

建筑师沿等高线组织地形，然后布置了 7 间儿童教室，同时把楼梯放置于原有山路的位置。这让人觉得这个建筑很自然。每间儿童教室约有 20 名 0 ～ 6 岁的儿童，总共有 140 名儿童入住。

在结构方面，建筑物在斜坡那一侧的内墙起到了承重墙的作用，由钢筋混凝土筑成，呈空心拱形。这种墙的厚度是 220mm，每面墙上不同的拱形镂空都有着具体的用途。对于拱形的形状，如果拱的横向距离过长，则不利于支撑屋顶的竖向荷载，而纵向距离减小了空间的有效面积。每种拱形因墙体不同而有所不同。建筑师认为最好能让钢筋沿曲线直径布置，以便在施工现场能灵活弯曲。因此，通过形状分析得到拱形的形状，钢筋直径减小到 12.7mm，同时尽可能使用长拱来保证宽敞的空间。由于地块为倾斜的山坡，周围又是居民区，很难进行大规模建设。因此，沿地形布置建筑物的方案是十分合理的。由于每个建筑物都受到斜坡一侧的压力，承重墙与斜坡正交布置，使墙的厚度尽可能小，墙既是柱，也是梁。

幼儿园场地

立面图

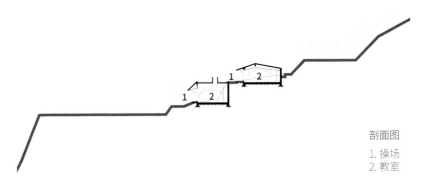

剖面图
1. 操场
2. 教室

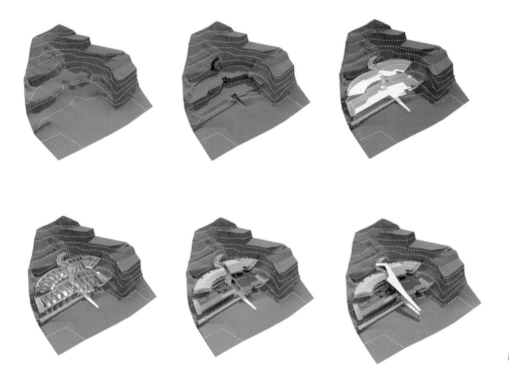

概念图

关于屋顶的建造，每一个屋顶转角的差异创造了环境的不同，如不同大小的空间，不一样的屋顶花园和操场。

委托方的要求是设计一个像大自然一样的空间，孩子们可以全天都在里面玩耍。所以建筑师设计了多处不同的由坡地自然围合的空间。在照片或其他媒体上，这个幼儿园看起来像极具创意的现代建筑，但一旦你真正站在里面，你可以感觉到它是一个自然的、平静的空间。因此，这座建筑看起来像是它的所在地长崎市一样，拥有立体多样的城市景观。事实上，孩子们在我们无法想象的空间中更能自由地玩耍，而建筑师的目标是打造一个能激发孩子们想象力的建筑。

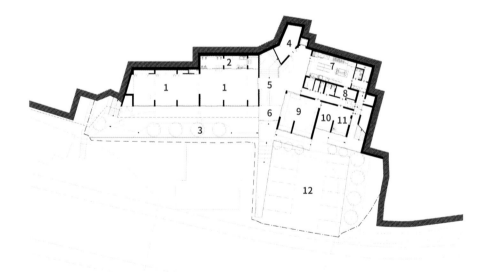

一层平面图

1. 教室
2. 洗手间
3. 操场
4. 储藏室
5. 大厅
6. 入口
7. 厨房
8. 员工办公室
9. 教工办公室
10. 会议室
11. 医务室
12. 停车场

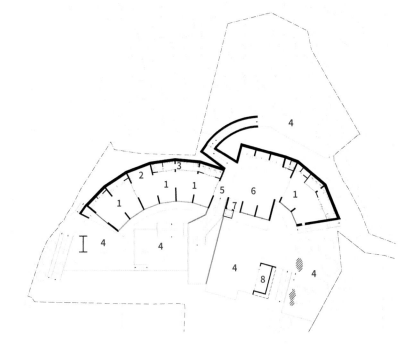

二层平面图

1. 教室
2. 美术室
3. 洗手间
4. 操场
5. 大厅
6. 餐厅
7. 厨房
8. 储藏室

项目地点：中国，北京
完成时间：2017 年
设计单位：ArkA 建筑设计
主设计师：米歇尔·拉那里
建筑面积：8000 m²
摄影师：奇亚拉·叶

北京亦庄蒙特梭利幼儿园
——定制未来的空间

项目概况

项目是建筑师与半岛教育集团的第二次合作。设计目标是将蒙特梭利教育理念和建筑设计融为一体，创造出一个更合理和更安全的环境，让孩子们能够自由快乐地学习和成长。

原有建筑物是一个开放空间，整个大空间分作 4 层。建筑设计的首要任务是根据孩子的比例改造空间。在设计时，建筑师加入了许多小房屋的设计，这样可以让孩子更具有主人感和安全感。教室被设计成简约的房屋；图书馆则是一个开放空间，孩子们可以便捷地到处活动，这样不仅可以提高他们的社交技能，也便于老师的管理；部分走廊还被打造成为田野的模样，让孩子们可以体验季节的变化。

一个蓝色大楼梯连接着每层楼，宛如以前人们改造的运河。从整体来看，房屋与楼梯的布置呈现出一幅自然和谐的画面——一座沿河搭建的村庄。如村庄一样，北京亦庄蒙特梭利幼儿园也是一个社区，在这里孩子们与成人自由交流，互相学习。

值得注意的是，建筑师对门专门做了一个特别设计。设计师避免尖角可能造成的意外使非常小的孩子能简单安全地使用。同时，在空间墙面上大量安置窗户可以让老师观察每一位小朋友的活动。

建筑师通过构建一个自由、开放的空间，让孩子们可以根据自己的意愿自由活动和学习，并不断挖掘自身潜能。通过这样的设计，孩子们将逐渐学会独立以及做决定，这种习惯将在他们未来的整个学习和生活中发挥重要作用。

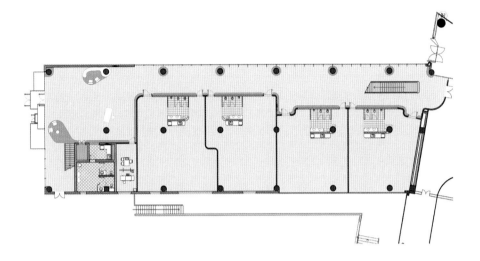

一层平面图

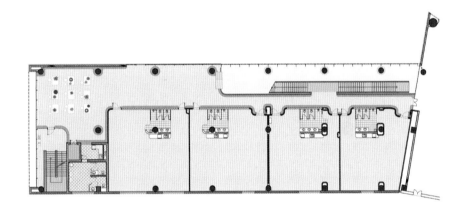

二层平面图

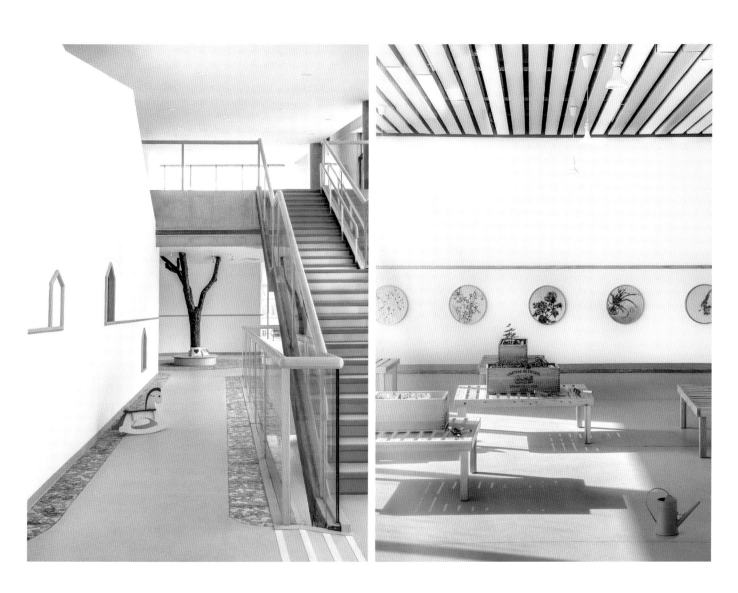

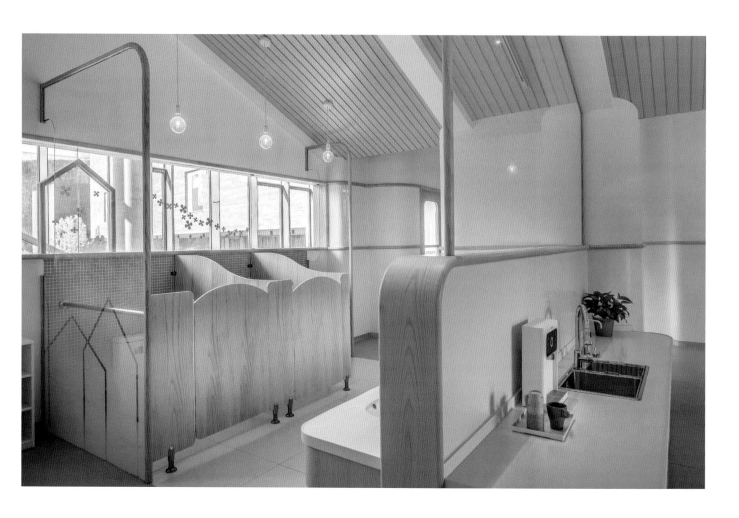

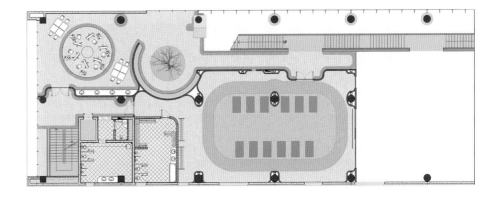

三层平面图

项目地点：韩国，京畿道
完成时间：2016 年
设计单位：D・LIM 建筑师事务所
　　　　　（D・LIM architects）
主设计师：林永焕（Yeonghwan Lim）、
　　　　　金善贤（Sunhyun Kim）
建筑面积：5356.44 m²
摄影师：尹俊焕（Junhwan Yun）

NAVER IMAE 幼儿园

——成长的花园

项目概况

NAVER IMAE 幼儿园建造在城市东部，可容纳 300 人。该幼儿园利用一片横跨用地 10 多 m 的斜坡建造了几乎与大学校园同样规模的花园，为了达到当地法规中要求的 20% 的建筑绿化率，设计师决定采用新型的幼儿园设计方案来设计建造。

根据自然渐变的用地地形建筑空间被分成 3 个层次：最底层是停车场和后勤服务设施；上面两层是幼儿园功能用房。幼儿园通过对所有停车位控制来为孩子们提供安全的生活环境。在规划期间以有效的方式利用斜坡用地，可以使地下空间获得与一层内同等条件的自然光照射量。除了顶层之外，所有楼层都与地面直接相连，这意味着几乎每个幼儿园教室都有前院。300 个孩子分散在 3 个不同的建筑单元内，建筑单元由地下的台基相连。这 3 座建筑单元从东到西排列成一排，将游乐场置于中间，让温暖的阳光得以照入园内。教室之间使用模块化的组件形成休息室和游戏室。建筑物的高度随着斜坡逐渐升高，幼儿园自然而然地与周围山景相融合。素色水泥砖和清水混凝土饰面共同成为周围自然环境的背景，与周围的绿色景观相一致。

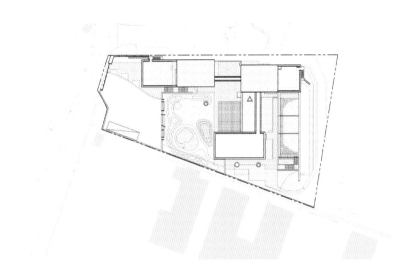

场地平面图

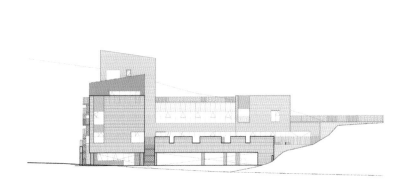

前立面图

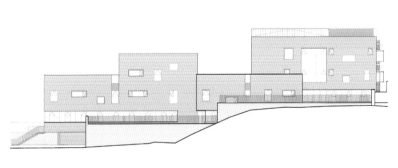

右立面图

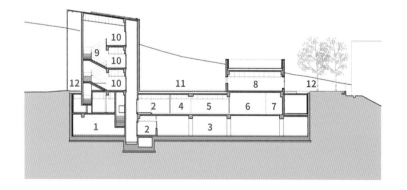

垂直剖面图

1. 会议室
2. 入口
3. 停车场
4. 医务室
5. 教室 1
6. 室内活动区
7. 储藏室
8. 教室 2
9. 阶梯教室
10. 大厅
11. 露台
12. 沙池

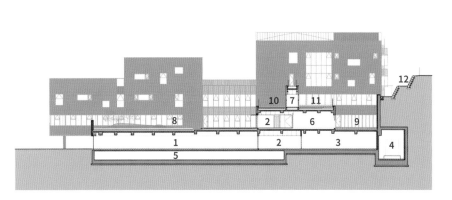

水平剖面图

1. 入口道路
2. 入口
3. 停车场
4. 水箱
5. 深井
6. 大厅
7. 桥
8. 操场
9. 花园
10. 露台
11. 菜园
12. 小路

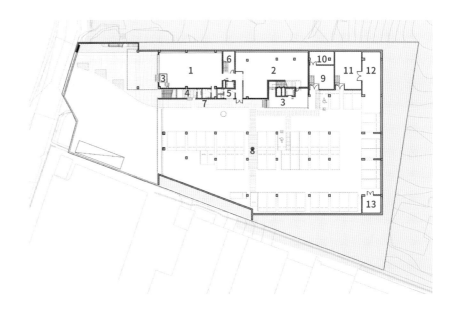

地下二层平面图

1. 教师办公室
2. 资料室
3. 入口
4. 保安办公室
5. 大厅
6. 储藏室
7. 入口通道
8. 停车场
9. 变电室
10. 紧急发电机房
11. 设备间
12. 水房
13. 通风机室

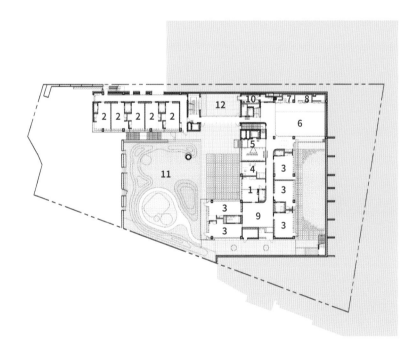

地下一层平面图

1. 教室 1
2. 教室 2
3. 教室 3
4. 医务室
5. 入口
6. 多功能厅
7. 图书馆
8. 海洋球池
9. 室内活动区域
10. 洗衣房
11. 操场
12. 花园

一层平面图

1. 教室 4
2. 餐厅
3. 厨房
4. 室内活动区域
5. 连廊
6. 阳台
7. 露台
8. 菜园
9. 沙地

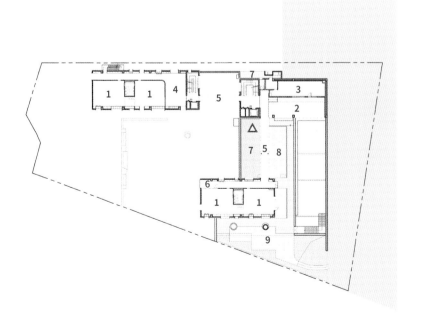

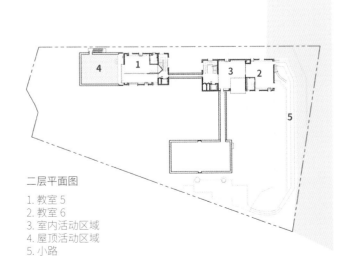

二层平面图

1. 教室 5
2. 教室 6
3. 室内活动区域
4. 屋顶活动区域
5. 小路

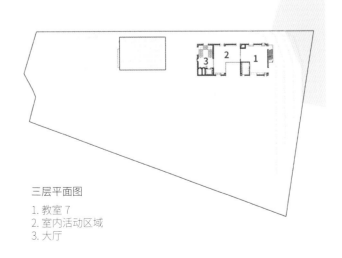

三层平面图

1. 教室 7
2. 室内活动区域
3. 大厅

项目地点：波兰，佐里
完成时间：2017 年
设计单位：BT 建筑师事务所
（Biuro Toprojekt）
主设计师：马立克·瓦夫日尼亚克
（Marek Wawrzyniak）、
卡罗·瓦夫日尼亚克
（Karol Wawrzyniak）
设计团队：阿丽娜·库德拉（Alina Kudla）、
卡塔莉娜·玛祖卡
（Katarzyna Mazurek）、
伊莎贝拉·格罗博兹 – 穆西克
（Izabela Groborz−Musik）
摄影师：尤利斯·索克洛斯基
（Juliusz Sokołowski）、
沃依切赫·贝察尔斯基
（Wojciech Bęczarski）

普希基幼儿园

——与孩子们一起生长的空间

项目概况

学前教育是人类发展中重要的阶段之一，因此应该认真关注这一时期孩子所在的空间的质量。对设计者来说，不要低估儿童，只给他们彩色的室内空间。孩子是一个严肃、敏感的接受者，因此孩子所用的建筑对设计师的要求更高。

这所拥有 5 个分校的幼儿园位于佐里市郊区。幼儿园所在的环境是一片混乱的独栋建筑。再往前一点儿，可以看到一组 4 栋建筑的建筑群。在这样的环境中，幼儿园的设计代表着新的空间品质。

建筑用地呈现出不规则形状，类似于三角形。用地条件暗示了应该建造两层的解决方案，虽然有点儿存在感过强，但也为操场留下了一点儿空间。但是，建筑师决定建造一个带有圆角的单层建筑，几乎填满了所有存在的空间，而针对户外活动，则设计了一个宽敞的屋顶露台。

为了给所有的房间和交流空间提供阳光，建筑师在幼儿园的中心位置布置了一个矩形的中庭，这是一个"外部世界"，里面有雪、雨和不断变化的阳光。

开放式的钢楼梯可以从中庭直达屋顶。流线型的木质露台中间有两个绿色的圆形岛屿，上面的轨道鼓励孩子们能更多地奔跑。在露台外，屋顶表面覆盖着观赏草。遗憾的是，在建设过程中，不可能在地块边缘保留老洋槐，因为那样会遮挡露台。新的树木需要几年后才能长大。

场地平面图

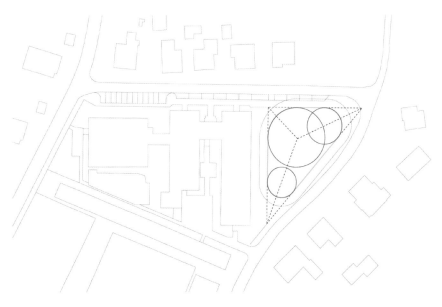

理念图

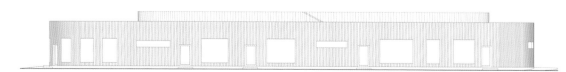

立面图

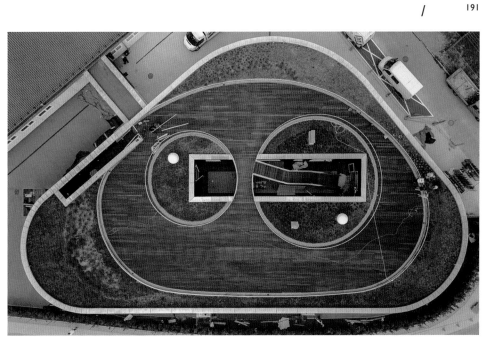

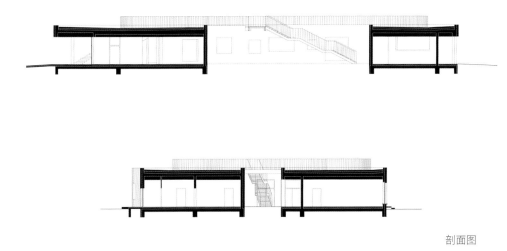

剖面图

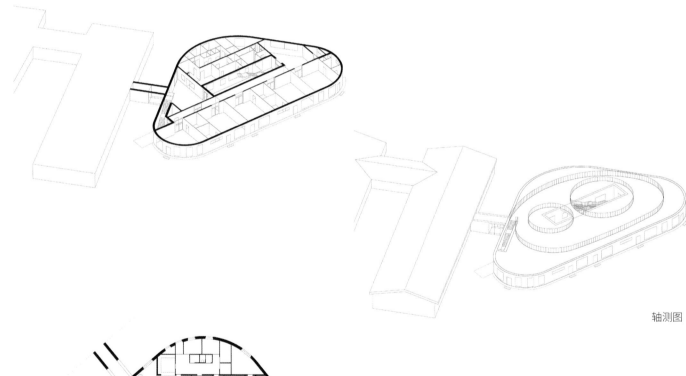

轴测图

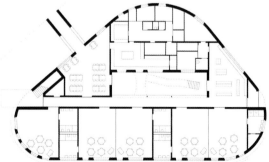

平面图

整个建筑是一个有圆角和不规则穿孔的混凝土墙的三角形。墙内的矿物棉使垂直的厚木板能够变暖，壁线保持流线状态。

钢筋混凝土墙体与地面热交换器、采暖通风系统完美结合，构成了一个优秀的热和冷的补偿器。矿物棉在冬季保护建筑免受外部能量的损失，在夏季保证热量不会被墙过度吸收。

屋顶上由 3 个圆形岛屿组成的流线型露台，以木板铺装。在露台外，屋顶表面覆盖着观赏草，垂直板的覆盖层也被外墙覆盖。墙壁和屋顶会自然变老，树会生长，草会变厚。从长远的角度来看，建筑的功能也许比在投入使用时的外观更重要。

项目地点：泰国，孔敬
完成时间：2015 年
设计单位：动态设计（Design in Motion）
室内设计：动态设计
景观设计：动态设计
工程：KOR-IT 结构设计与建造
　　（KOR-IT Structural Design and
　　　Construction Co., Ltd. ）
建筑面积：1990 m²
摄影师：卡特里・王旺（Ketriree Wongwan）

莱恰特早教学校

——探险乐园

项目概况

莱恰特早教学校（Ratchut School）的设计体现了意大利著名教育家蒙特梭利女士的教育理念。蒙特梭利教学法主要侧重于自主学习，孩子们通过与周围环境的直接互动来"学习"，而不是通过教师的直接指导。课程是由孩子的兴趣和个性决定的，而不是由老师决定的，或"认为"孩子应该学什么。该项目的所有者和开发者开发了不同的课程，提供了学习环境和学习材料，以促进每个孩子的发展。教师会根据每个孩子的兴趣来指导，这样孩子就可以在身体上、情感上和心理上发展自己的潜能。教师具备知识和技能，并接受培训，在每个发展阶段密切指导儿童。

蒙特梭利教育方法的标志性目标是实现儿童自主学习。一所蒙特梭利早教学校的设置类似于一个典型的家庭，基本区域包括卧室、客厅、厨房，以及一个包含不同功能区的学习大厅，每个功能区满足孩子不同的兴趣，包括感官发展区、语言发展区、数学区、工艺美术区和地理区等。此外，还提供户外学习区，因为这对儿童的社交能力和知识发展至关重要。

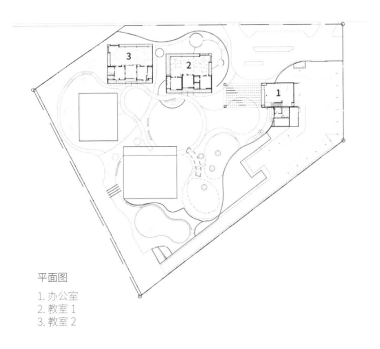

平面图

1. 办公室
2. 教室 1
3. 教室 2

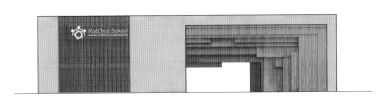

办公室立面图

教室 1 立面图

教室 2 立面图

该项目是在业主的愿景下开始的，即在泰国东北部的孔敬府建立第一所蒙特梭利早教学校。早教学校的所有者希望它成为一个学龄前儿童早期教育的替代选择，促进3～6岁儿童的身心发展。

该项目设计体现了蒙特梭利的教育理念，即认为学习的空间不应该只是传统意义的教室，而应该是孩子们温暖的家。因此，在该项目的设计当中，设计师将学习区域划分为多个小尺度的房间，这些房间能让来到学校的孩子们有回到家的感觉。并且，这些房间的功能迥异，可以进行不同的儿童教学任务。

设计灵感源于自然

场地与教室

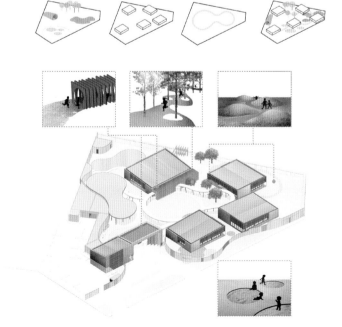

沙石　　　　土丘　　　　树木　　　　洞穴

办公室立面图

教室 1 立面图

教室 2 立面图

大自然是学龄前儿童最好的学习和成长的环境。因此，这所学校的规划就是希望为学生们创造自然的学习环境。设计师将室内与室外的空间、建筑与景观完全整合在一起，不但创造出丰富多样的学习与活动空间，还为孩子们提供了让他们去探索冒险的环境。整个校园的规划融合了 4 种"自然"元素，包括洞穴、沙石、土丘和树木，这些元素将有助于学龄前儿童在自然中学习和成长。

这个项目包括一栋办公楼和两栋教学楼，通过有顶棚的室外廊道连接在一起，并将上面提到的 4 种"自然"元素整合于其中。

1. 洞穴这个元素体现在学校正门的设计中。设计师使用了大面积的木板来模拟洞穴的形状，并在木板间留有足够的间隙，以利于自然采光。孩子们要穿过这个人工洞穴才能进入校园，这样能给他们以新奇有趣的感受。

2. 沙石元素体现在游戏场的设计当中，旨在为初学走路的孩子提供触觉的刺激。

3. 各种形状的小土丘配置在校园的中庭及周围的空地中。课余时间，孩子们可以在这些土丘上奔跑、嬉戏和玩耍。同时，这里也是他们的户外学习空间。

4. 空地上栽种了树木，从而能为户外教学活动提供树荫遮蔽。

所有的建筑外立面使用灰色油漆，并嵌以棕色的木条，整体环境给人以流畅和温暖的感觉。为了让孩子们能轻松理解整个校园的布局，设计师采用了最简洁的设计方案。木条的使用可以过滤掉一部分光线，但同时也让孩子们暴露在一定的自然光之中，这有利于他们视力的正常发育。另外，这些木条构成的"围栏"也能有效阻挡孩子们的视野，这样他们就能更集中于室内的学习任务中，而不是望向室外。

教学楼内部的空间被分割为多个小房间，用于不同的教学任务，这样小尺度的空间可以让学生的注意力更加集中。这样的小房间会比那种开放的大教室更适合学龄前儿童的学习和成长。

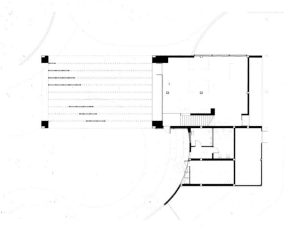

办公室平面图

景观设计使用自由的线条，使环境对儿童更具吸引力，从而吸引儿童参加户外学习——自然环境已准备好，促进他们的学习。因此，户外区域可以视为一个大教室，在那里孩子们可以了解大自然的不同方面及与其如何相互作用。孩子们除了学习不同种类的树木和昆虫外，还可以探索沙石、土丘和树木等不同的自然元素。为了给这些户外学习区提供遮阴，在该区域周围种植了参天大树。这样，孩子们即使在白天也可以在户外继续学习。草坪也可以作为一个游戏区，孩子们可以在草坪上跑来跑去，边玩耍边锻炼身体。

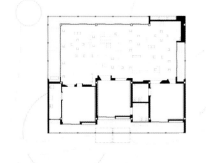

教室 1 平面图

教室 2 平面图

项目地点：意大利，比谢列
完成时间：2017 年
设计单位：PERALTA 设计咨询公司
建筑面积：1300 m²
摄影师：Ales&Ales 摄影工作室、路伊吉·
　　　　费雷蒂西（Luigi Fileticì）

桑德罗·皮蒂尼幼儿园

——向地球母亲致敬

项目概况

该项目是"地球母亲"项目的一部分，位于意大利南部普利亚地区的比谢列市郊区。比谢列是一个中等城市，约有 5.5 万名居民，人口密度为 800 人 / km²。该项目位于已建造的经济适用房住宅区中心。

幼儿园平面布局的特点是呈现条状组织，室内"服务空间"和"被服务空间"由平行墙界定。该部分与流线型空间相结合，形成完全封闭的室外庭院。该庭院由玻璃走廊包裹，作为建筑的主要交通线，连接其所有功能区：入口门厅（与相邻的公共广场相连）、6 间教室（每间教室可容纳 30 名孩子）、自助餐厅和相邻的厨房、办公室和教员室、服务和技术空间等。

更具体来说，中央公共室外教室的功能是创造一个微气候，利用当地的植物和树木，帮助儿童了解当地的环境，重建该地区典型的自然景观。这个空间与幼儿园内的每个房间相连，包括视觉上的连接和直接的连接，体现了对环境的重视。6 间平行的室内教室，采用不同颜色的铺装，北部和南部立面采用大面积玻璃窗，在视觉上延伸到室外空间，那里也是为学习活动而设计的。

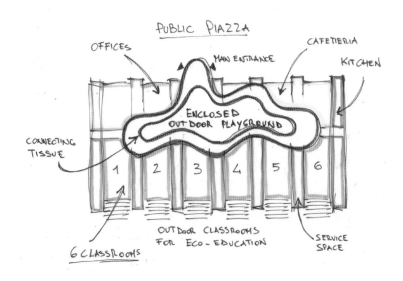

初步构思图

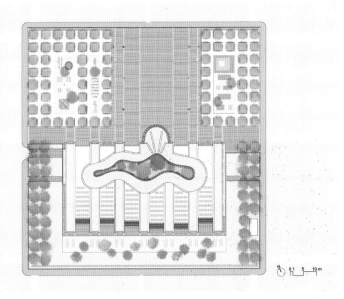

平面图

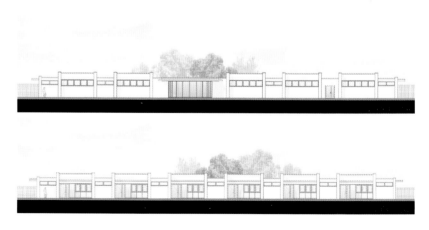

立面图

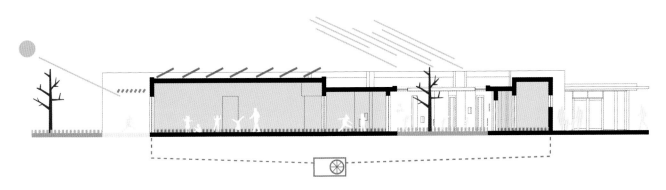

气候研究剖面图

玻璃立面的广泛使用旨在创造室内外空间之间的紧密关系，并实现平衡的自然采光，减少对耗能人工照明的依赖。具体来说，每间教室的北侧隔断墙与学校的主要走廊相交，走廊的玻璃墙确保了与中央室外空间的视觉连接。同样，每间教室的南面玻璃隔墙都与其私密户外教育空间相连，落叶树木和木质遮篷保护教室免受夏季的过度日照。

玻璃隔断实现了空间之间的联系，模糊了室外和室内空间的定义，创造了独特的氛围，强调户外活动作为教学策略的重要性。出于安全考虑，为了营造"归属感"并实现教育目的，每间教室的玻璃隔墙都用艺术贴纸装饰，贴纸上的图画，再现了地球上不同生态系统的图像：沙漠、大草原、丛林、地中海、阿尔卑斯地区、北极和南极等。

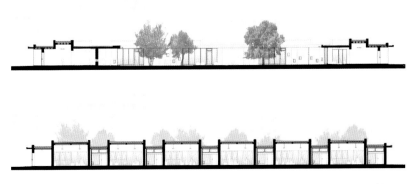

剖面图

被动建筑系统

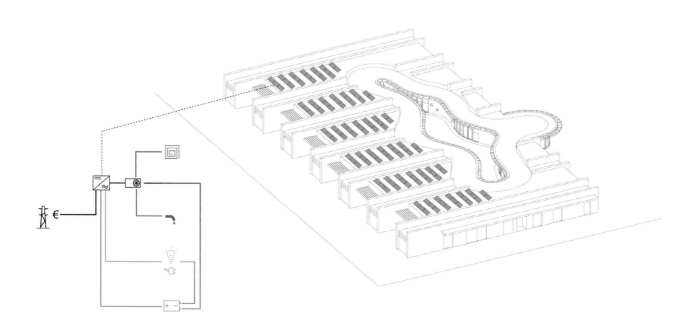

主动建筑系统

该项目的设计唤起了一种深刻的隐喻和审美联系，主题是"地球母亲"：一个子宫般的中央庭院，外围的花园包括蔬菜园、小果园和果树。这些户外空间利用花园的创新设计，通过提供激发所有感官的动态学习机会，将生态和环境教育直接融入日常教学体验：视觉（花卉、水果和蝴蝶的颜色，植物、土壤和岩石的纹理，风的运动，昆虫和鸟类）、听觉（雨和风的节奏，鸟、青蛙和昆虫的声音，干树叶的沙沙声）、触觉（材料、植物和土壤的质地，冷、暖、干、湿的感觉）、嗅觉（直接从花园中采摘的水果、蔬菜、草药、地中海草本植物、肥沃的土壤、成熟的水果和盛开的花朵的味道）。

选择钢筋砌体桥墩结构是因为这种结构具有绝缘性／热惯性、隔声特性、防火安全性以及在地震活动区域的特殊性能。

该项目广泛使用可持续材料和被动建筑系统，以减少施工和建筑使用期间的能源消耗，体现了建筑对环境的关注。比如，建筑物及其不同空间的对朝向处理，建筑物采用的特殊造型和有利于自然采光和通风的开放式中央庭院，外层围护结构的高性能绝缘性，隔热玻璃和太阳能控制的装置，以及窗户采用的大面积木制凉棚。

此外，学校内部和邻近广场都使用 LED 灯具，利用可再生资源生产所有能源，使用热泵，再加上雨水的收集和储存，使得项目实现 A4 级"几乎零能源建筑"的重要目标成为可能。特别是，屋顶采用 40kW 的集成光伏板，产生学校所需的能源。此外，创新地使用了约 30kW 的蓄电池，为建筑提供了足够的能源，以应对恶劣天气下的照明，也包括学校、花园、广场和邻近街道的夜间照明。

平面图

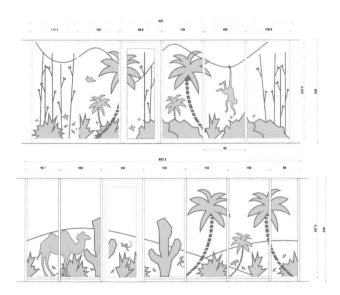

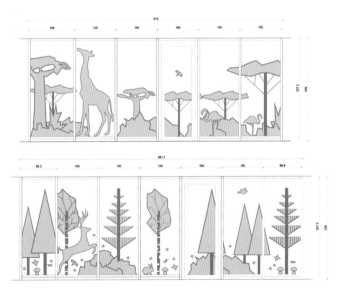

教室中定制的艺术贴纸设计展示

设计单位

ArkA 建筑设计

BAU

BT 建筑师事务所

COR 建筑师事务所

D · LIM 建筑师事务所

PERALTA 设计咨询公司

xy 设计工作室

动态设计

格筑设计

空格建筑

立木设计研究室

曼景建筑

媒介设计事务所

普泛建筑工作室

上海成执建筑设计有限公司

西安迪卡幼儿园设计中心

元象建筑

圆道设计

佐佐木敬设计事务所

图书在版编目（CIP）数据

教育建筑规划与设计 ：幼儿园 / 杨凯，王丽丽，郭媛媛编著 . — 沈阳 ：辽宁科学技术出版社，2021.12
 ISBN 978-7-5591-2130-1

 Ⅰ ． ①教… Ⅱ ． ①杨… ②王… ③郭… Ⅲ ． ①幼儿园－建筑设计－案例－世界 Ⅳ ． ① TU244

中国版本图书馆 CIP 数据核字（2021）第 138409 号

出版发行：辽宁科学技术出版社
　　　　　（地址：沈阳市和平区十一纬路 25 号 邮编：110003）
印 刷 者：上海利丰雅高印刷有限公司
经 销 者：各地新华书店
幅面尺寸：210 毫米 ×265 毫米
印　　张：13.5
字　　数：280 千字
出版时间：2021 年 12 月第 1 版
印刷时间：2021 年 12 月第 1 次印刷
责任编辑：于　芳
封面设计：关木子
版式设计：关木子
责任校对：韩欣桐

书　　号：ISBN 978-7-5591-2130-1
定　　价：228.00 元

联系电话：024-23280070
邮购热线：024-23284502
http://www.lnkj.com.cn